TUJIE
GONGCHENG
SHIGONG

图解建筑工程施工

陈铃培 / 编著　覃家敏 / 绘

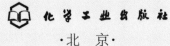
化学工业出版社
·北京·

内容简介

本书是建筑工程施工的超级入门书，以图解的形式介绍了建筑工程施工的基本概念、基本原理和施工工艺。本书共分8章，内容包括施工程序、土方工程、地基与基础工程、混凝土结构工程、砌筑与垂直运输工程、结构吊装工程、防水工程、装修工程等。本书的编写注重理论和实践的结合，具有较强的系统性、完整性和实用性。本书的编排别具特色，内容经过了反复的浓缩提炼，化繁为简，通俗易懂；尽量在一页中表现一个完整的主题，知识被合理切割，方便零碎时间学习；同时采用大量原创双色手绘图进行知识表达，使人读来津津有味。

本书可作为建筑工程技术人员、管理人员的培训用书，也可供土木建筑类专业师生、建筑爱好者学习使用。

图书在版编目（CIP）数据

图解建筑工程施工 / 陈铃培编著；覃家敏绘 . --
北京：化学工业出版社，2024.8
ISBN 978-7-122-45567-3

Ⅰ.①图… Ⅱ.①陈… ②覃… Ⅲ.①建筑工程-工
程施工-图解 Ⅳ.①TU7-64

中国国家版本馆CIP数据核字（2024）第089904号

责任编辑：李旺鹏　　　　　　　　　　　　责任校对：宋　夏
装帧设计：韩　飞

出版发行：化学工业出版社（北京市东城区青年湖南街13号　邮政编码100011）
印　　装：中煤（北京）印务有限公司
710mm×1000mm　1/16　印张18　字数300千字　2024年8月北京第1版第1次印刷

购书咨询：010-64518888　　　　　　　售后服务：010-64518899
网　　址：http：//www.cip.com.cn
凡购买本书，如有缺损质量问题，本社销售中心负责调换。

定　　价：78.00元　　　　　　　　　　　　　　版权所有　违者必究

前　言
PREFACE

　　建筑工程施工技术是工程人员必备知识，也是高等院校土木建筑类专业重要的专业课程。根据新形势下教育改革趋势，结合新时代大学生和工程人员学习的特点，本书以知识点为主线组织章节，通过系统的内容安排、清晰的图解和丰富的案例，旨在帮助读者深入理解建筑工程施工各个阶段的常见做法，掌握实用的施工技术和管理方法，为建筑工程施工领域的学习者提供全面系统的指导。

　　本书以建筑工程施工的典型阶段为写作顺序，覆盖了施工程序、土方工程、地基与基础工程、混凝土结构工程、砌筑与垂直运输工程、结构吊装工程、防水工程、装修工程等多方面内容，在写法上既考虑了基本理论知识的普及，又注重实践操作技能的培养，使读者能更好地理解理论知识并将其应用于实际工作中。针对每个施工阶段，本书特别强调了常见做法、关键技术和质量控制要点，帮助读者抓住施工中的关键问题，提高学习效率。

　　本书的编排形式也是别出心裁、独具特色：

　　（1）摒弃传统的罗列式的写作，笔者将知识消化之后，经过反复的浓缩提炼，言简意赅，通俗易懂。

　　（2）采用"小课堂"形式，大多在1~2页之内即完整阐述一个主题，知识被合理切割，方便零碎时间学习。

　　（3）采用大量原创双色手绘图、流程图、实物图进行知识表现，既直观易懂，又使人读来津津有味。

笔者希望通过在内容以及形式上的用心设计，使抽象的理论和概念更加形象直观，帮助读者真正达到快速入门的目的。

　　本书由广州理工学院陈铃培编著，插图由覃家敏绘制。在本书编著过程中，尽管我们竭尽全力以确保内容的准确性和完整性，但难免会有疏漏之处。如果您在阅读过程中发现了任何错误或不足之处，敬请谅解，并欢迎您提出宝贵的意见和建议，以便我们进行改进和完善。希望本书能够成为您学习和工作的得力助手，为您在建筑工程施工领域的学习和发展提供有力支持！

目 录
CONTENTS

3 地基与基础工程

4　混凝土结构工程

5 砌筑与垂直运输工程

6 结构吊装工程

7 防水工程

7.1 防水材料 … 234

7.2 屋面防水 … 244

7.3 地下防水 … 252

7.4 室内防水 … 256

8 装修工程

8.1 装修准备 … 260

1

施工程序

1.1 建设程序

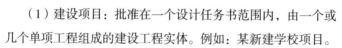

1.1.1 建设项目的分解

建设项目是指按一个总体设计组织施工，建成后具有完整的系统，可以独立地形成生产能力或者使用价值的建设工程。

建设项目可依次分解为单项工程、单位工程、分部工程、分项工程和检验批。

（1）建设项目：批准在一个设计任务书范围内，由一个或几个单项工程组成的建设工程实体。例如：某新建学校项目。

（2）单项工程：有独立的设计文件，竣工后能够独立发挥生产能力或使用效益的一个建设项目。例如：某新建学校实验楼项目。

（3）单位工程：具有单独设计、可以独立组织施工，但竣工后不能独立发挥生产能力或使用效益的工程。例如：某实验楼土建工程、电气照明工程。

（4）分部工程：单位工程按部位、材料和工种进一步分解出来的单元。例如：土建工程的地基与基础工程、主体结构工程。

（5）分项工程：单独地经过一定施工工序就能完成，并且可以采用适当计量单位计算的建筑或安装工程。例如：主体结构工程的模板工程、钢筋工程、混凝土工程。

（6）检验批：按同一生产条件或按规定的方式汇总起来供检验用的，由一定数量样本组成的检验体，是工程质量验收的基本单元。例如：某批次50吨钢筋。

> 核心知识：建设项目是建筑工程施工的对象。

★建设项目分解时，从上往下，层层分解；建设项目验收时，从下往上，分级验收。

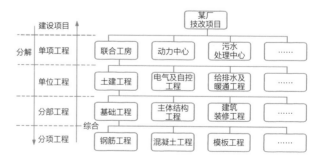

建设项目分解示意图

1.1.2　基本建设程序

　　基本建设程序是建设项目全生命周期各项工作必须遵循的先后顺序，包括建设项目从策划、评估、决策、设计、施工到竣工验收、投入生产或交付使用的整个建设过程，主要分为项目建议书阶段、可行性研究阶段、初步设计阶段、施工图设计阶段、建设准备阶段、建设实施阶段、竣工验收阶段、后评价阶段。各阶段的工作任务分别如下：

核心知识：基本建设程序反映了工程建设各个阶段之间的内在联系。

1.项目建议书阶段

（1）编制项目建议书；

（2）办理项目选址规划意见书；

（3）办理建设用地规划许可证和工程规划许可证；

（4）办理土地使用审批手续；

（5）办理环保审批手续。

2.可行性研究阶段

（1）可行性研究报告的编制、论证与报批；

（2）到国土部门办理土地使用证；

（3）办理征地、青苗补偿、拆迁安置等手续；

（4）工程地质勘察；

（5）报审市政配套方案。

3.初步设计阶段

（1）初步设计；

（2）办理消防手续；

（3）初步设计文本审查。

4.施工图设计阶段

（1）施工图设计；

（2）施工图设计文件的审查备案（消防、人防、节能）；

（3）编制施工图预算。

5.建设准备阶段

（1）编制项目投资计划书，并按现行的建设项目审批权限进行报批；

（2）建设工程项目报建备案；

（3）建设工程项目招标。

6.建设实施阶段

（1）开工前准备；

（2）办理工程质量、安全监督备案手续；

（3）办理施工许可证；

（4）项目实施。

7.竣工验收阶段

（1）竣工验收；

（2）工程竣工备案。

8.后评价阶段

对一些重大建设项目，在竣工验收后进行评价。这主要是为了总结项目建设成功和失败的经验教训，供以后项目决策借鉴。

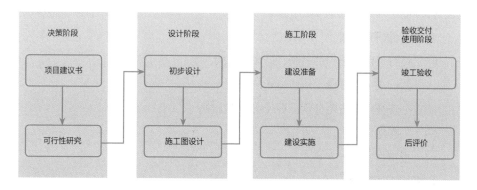

★建设单位按基本建设程序管理工程项目，是工程项目顺利推进的保障。

1.1.3 参与单位

建设项目的参与单位主要是五方单位，包括建设单位、勘察单位、设计单位、施工单位和监理单位。

> **核心知识**：建设单位在工程建设中处于核心地位。

建设单位：建设项目的投资人，也称"业主"，与其他单位均有合同关系，具有一切事项的最终决定权。

勘察单位：从事工程测绘、水文地质和岩土工程勘察等工作的单位，负责评价施工场地的地质环境特征和查明场地的岩土性质。

设计单位：从事建筑工程设计，提供施工图纸的单位，负责对工程建设的实施作整体规划和细部设计。

施工单位：施工单位又称"承建单位"，是建筑安装工程施工单位的简称，负责基本建设工程施工。

监理单位：监理单位是受业主委托，依照国家法律法规要求和建设单位要求，对工程进行专业监管的单位。

五方单位之间的关系如下图所示。

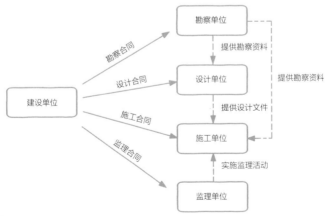

★除五方单位外，工程项目的参与单位还有审图单位、检测单位、材料供应单位、设备租赁单位、政府监管部门等。

1.1.4　工程勘察

工程勘察的目的是通过技术手段获取施工场地地上和地下的资料，查明工程建设场地的地质地理环境特征，为工程设计提供依据。工程勘察的成果是勘察报告。

> **核心知识**：通过工程勘察辨别土质，为岩土设计与施工提供依据。

工程勘察常用的技术手段有：

工程地质测绘

勘探与取样

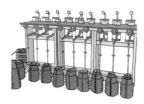

原位测试与室内试验

现场检验与监测

现场踏勘

工程勘察在施工中的作用如下：

展开工程设计　　制订土方开挖方案

根据踏勘成果　　制订基坑支护方案

制订终桩标准　　验收浅基础土质

> ★ 对于工程地质条件复杂或有特殊施工要求的重要建筑物地基，必要时还要做施工补充勘察。

1.1.5　工程设计

工程设计是指建筑物在建造之前，设计者按照建设任务，把施工过程和使用过程中所存在的或可能发生的问题，事先作好通盘的设想，拟定好解决这些问题的办法、方案，用图纸和文件表达出来。

> 核心知识：工程设计的交付物是工程图纸。

一、工程设计阶段

工程设计是从技术和经济上对拟建工程作出详尽规划。大中型项目一般采用两阶段设计，即初步设计与施工图设计。技术复杂的项目，可增加技术设计，按三个阶段进行。

二、建筑工程图纸组成

施工图是以投影原理为基础，按国家规定的制图标准，表示工程项目总体布局，建筑物、构筑物的外部形状、内部布置、结构构造、内外装修、材料做法以及设备、施工等要求的图样。建筑工程图纸分为建筑施工图、结构施工图、设备施工图。

（1）建筑施工图包括建筑总平面图、建筑平面图、建筑立面图、建筑剖面图和建筑详图。

（2）结构施工图包括基础平面图，基础剖面图，屋盖结构布置图，楼层结构布置图，柱、梁、板配筋图，楼梯图，结构构件图或表，以及必要的详图。

（3）设备施工图包括采暖施工图、电气施工图、通风施工图和给排水施工图。

1.1.6 施工许可证

建筑工程开工前，建设单位应当按照国家有关规定向工程所在地县级以上人民政府建设行政主管部门申请领取施工许可证。

建设单位申请领取施工许可证，应当具备下列条件，并提交相应的证明文件：

（1）已经办理该建筑工程用地批准手续；

（2）依法应当办理建设工程规划许可证的，已经取得建设工程规划许可证；

（3）需要拆迁的，其拆迁进度符合施工要求；

（4）已经确定建筑施工企业；

（5）有满足施工需要的资金安排、施工图纸及技术资料；

（6）有保证工程质量和安全的具体措施。

核心知识：施工许可证由建设单位办理。

建设单位应当自领取施工许可证之日起三个月内开工。因故不能按期开工的，应当在期满前向发证机关申请延期，并说明理由；延期以两次为限，每次不超过三个月。

★工程投资额在30万元人民币以下或者建筑面积在300m²以下的建筑工程，可以不申请办理施工许可证。

1.2 施工准备

1.2.1 图纸会审

图纸会审是指工程各参与单位在收到施工图审查机构审查合格的施工图设计文件后，在设计交底前全面细致地熟悉和审查施工图纸的活动。

> 核心知识：通过图纸会审减少图纸差错。

一、目的

图纸会审的目的是全面细致地熟悉和审查施工图纸，找出图纸存在的问题，减少图纸差错，消灭隐患。

二、方法

（1）先粗后细。先看平面、立面、剖面图，再看细部构造。

（2）先小后大。核对平面、立面、剖面图中标注的细部做法与大样图是否相符。

（3）先建筑后结构和安装。先看建筑图，后看结构图和安装图，并核对有无矛盾。

（4）先一般后特别。先看一般部分，后看特别部位和要求。

（5）图纸与说明结合，土建与安装结合，图纸与实际结合。

三、图纸会审的重点

（1）设计单位是否无证设计或越级设计；图纸是否经设计单位正式签署。

（2）地质勘探资料是否齐全，设计图纸与说明是否符合规范及当地要求。

（3）几个设计单位共同设计的图纸相互间有无矛盾；专业图纸之间、平立剖面图之间有无矛盾；标注有无遗漏。

（4）防火、消防要求是否满足。

（5）材料来源有无保证，能否代换；新材料、新技术的应用是否存在问题。

（6）施工方法是否合理，是否存在不便于施工的技术问题。

（7）施工安全、环境卫生有无保证。

1.2.2　设计交底

设计交底是由建设单位组织施工单位、监理单位参加，由勘察、设计单位对施工图纸内容进行交底的一项技术活动。

> **核心知识：**通过设计交底明确设计意图。

一、目的

设计交底的目的是使施工单位和监理单位明确贯彻设计意图，加深对设计文件特点、难点、疑点的理解，掌握关键工程部位的质量要求，确保工程质量。

二、程序

（1）首先由设计单位介绍设计意图、结构设计特点、工艺布置与工艺要求、施工中注意事项等。

（2）各有关单位对图纸中存在的问题进行提问。

（3）设计单位对各方提出的问题进行答疑。

（4）各单位针对问题进行研究与协调，制订解决办法。汇总交底记录，并经各方签字认可。

三、内容

（1）施工现场的自然条件、工程地质及水文地质条件等；

（2）设计主导思想、建设要求与构思、使用的规范；

（3）设计抗震设防烈度的确定；

（4）基础设计、主体结构设计、装修设计、设备设计（设备选型）等；

（5）对基础、结构、装修施工的要求；

（6）对建材的要求，对使用新材料、新技术、新工艺的要求；

（7）施工中应特别注意的事项等。

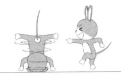

1.2.3 三通一平、五通一平、七通一平

一、三通一平

三通一平是指基本建设项目开工的前提条件，具体指：通水、通电、通路和场地平整。

> **核心知识：**达到三通一平即具备开工条件。

（1）通水，指给水接入工地。

（2）通电，指施工用电接到施工现场。

（3）通路，指场外道路已铺到施工现场周围入口处，满足车辆出入条件。

（4）场地平整，指场区现场已基本平整，可进入施工状态。

二、五通一平

五通一平就是建筑中为了合理有序施工进行的前期准备工作，一般包括通水、通电、通路、通信、通气、场地平整。

（1）通信。电话、传真、邮件、宽带网络、光缆等基本通信设施畅通。

（2）通气。天然气或煤气已接入场区，满足整体规划和使用量的要求。

三、七通一平

七通一平是指土地在通过一级开发后所进行的一系列前期准备工作，使二级开发商进场后可以迅速进行开发建设。其主要包括：通给水、通排水、通电、通信、通路、通燃气、通热力以及场地平整。

（1）通排水：场区内的生活污水以及雨水的排放能满足要求。

（2）通热力：场区内热力供应通畅。

四、区别

三通一平是施工临时设施建设，其用材、施工、维护上具有临时性。七通一平是小区永久配套设施建设，其用材、施工、维护上必须符合国家相关验收标准，具有永久性。

1.2.4 临时设施

临时设施是为保证施工和管理的正常进行而临时搭建的各种建筑物、构筑物和其他设施。临时设施一般由施工单位自行搭建，在工程完成后拆除。

> 核心知识：临时设施使用时需确保安全。

一、临时设施的种类

（1）施工人员的临时宿舍、机具棚、材料室、化灰池、储水池，以及施工单位或附属企业在现场的临时办公室等；

（2）施工过程中应用的临时给水、排水、供电、供热设施和管道；临时铁路专用线、场区临时道路；

（3）现场施工、警卫、消防安全用的小型临时设施；

（4）保管器材用的小型临时设施，如简易料棚、工具储藏室等；

（5）行政管理用的小型临时设施，如工地收发室等。

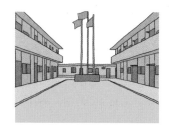

临时办公室

安全防护棚

茶水棚、吸烟棚

二、临时设施的布置要求

（1）临时设施可利用施工现场原有安全建筑，也可新建临时设施。

（2）临时宿舍不能位于高压线下、挡土墙下、围墙下、傍山沿河地区、崖边、强风口处等有安全隐患的地点。

（3）临时宿舍不得设置在尚未竣工的建筑物内。

（4）现场生活区应实行封闭管理，与作业区、周边居民区保持有效距离。

（5）临时设备必须满足防火要求。

★尽量使用定型式临时设施，增加施工效率，减少施工垃圾。

②

土方工程

2.1 土的性质

2.1.1 土的工程分类

建筑施工中根据开挖难易程度，把常见的土分为八类，分别是松软土、普通土、坚土、砂砾坚土、软石、次坚石、坚石、特坚石。其中1~4类为土，5~8类为岩，不同类别的土对应不同的施工机械、不同的工期和成本。土的级别越高，开挖后土体增加的体积越多，越难压实。

> 核心知识：不同的土体，开挖方法不同，施工成本不同。

松软土、普通土

松软土、普通土：好挖，可用各种施工机械挖掘，效率高

坚土、砂砾坚土

坚土、砂砾坚土：较硬，挖不快，施工机械磨损较大

软石、次坚石

软石、次坚石：难挖，风镐破碎后再运走

坚石、特坚石

坚石、特坚石：挖不了，只能爆破

> 了解开挖范围场地土性后，再分段分区确定施工方案。

土方施工尽可能采用机械开挖，不同机械能开挖的土体级别不同。一般来说，土的级别越高，施工机械的功率就要越大，开挖所需的机械费用越高。因此，在工程报价阶段，需要现场踏勘场地，实地了解土体的级别，从而确定合理的施工方案。

2.1.2 土的可松性

土的可松性是指土经开挖后，其组织破坏，体积增加，虽经压实仍不能恢复成原来体积的性质。

土体是由固体、液体和气体组成的三相体。自然界的土体经过千百万年，其自重沉降已完成，已处于相对密实状态。开挖过程破坏原土结构，释放其内在应力，使土体松散，引起体积增加。土体回填后再次完成沉降需要很长的时间，在施工期间不能完全压实，所以不能恢复成原来体积。

核心知识：土体开挖时增加气体体积，土体在施工期内不能完成压实。

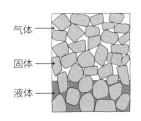  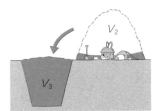

根据不同的场景，采取不同的土体体积进行计算		
原始土体体积 V_1	开挖后土体体积 V_2	回填压实土体体积 V_3
未开挖体积，一般用作土方量估算	土方开挖后变松散的体积，运输、储存均需考虑土的最初可松性系数 K_s，$V_2 = V_1 K_s$	土方回填压实后的体积，比 V_2 小，但是比 V_1 大，需考虑土的最终可松性系数 K_s'，$V_3 = V_1 K_s'$

★同一场地内土方平整有挖有填时，平均标高会增加。

2.2 土方算量

2.2.1 设计标高的确定

问：施工时，如何确定设计标高 H_0？

答：由设计师综合考虑施工所在场地的各项影响因素，在保证安全和功能的前提下，提出施工成本最低的最优方案。

> 核心知识：不同的设计标高，对应不同的成本。

应从以下几方面进行考虑：

从功能看——设计标高须满足施工工艺和运输需求

从成本看——场内挖填力求平衡

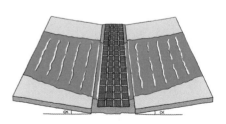

从防洪看——考虑最高洪水位的影响

从排水看——场地内存在排水坡度，便于排水

从地貌看——尽量利用原始地貌，避免大挖大填

设计标高确定步骤：

（1）按挖填平衡初步确定场地设计标高；

（2）按弃土、借土的影响调整场地设计标高；

（3）按土的可松性调整场地设计标高；

（4）按场地排水坡度调整场地各点标高。

依着原始山体，把设计标高设成阶梯形。

★场内设计存在不同标高时，交界处需考虑边坡安全。

2.2.2 方格网法计算土方量

我们发现，场地总是高低起伏，并不是理想的平面，因此通常不能通过简单的立方体体积计算求得土方量。

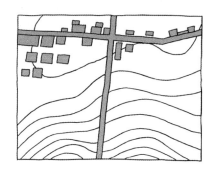

计算土方量通常使用方格网法。利用积分的思路，把场地分为若干个边长为 a 的方格单元，分别计算每方格的土方量，累加得到总土方量。下图为一个典型的方格网法土方量计算图。

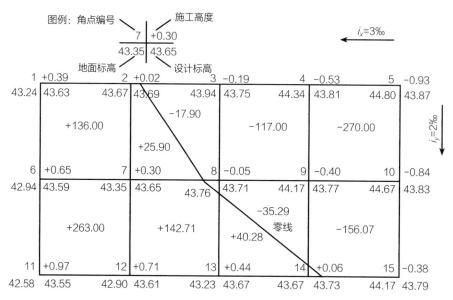

方格网边长越大，计算量越小，计算结果误差越大；方格网边长越小，计算量越大，计算误差越小。一般方格网边长取 10 ~ 40m 为宜。

施工过程中，一般先测量地面标高，再根据设计标高，确定各方格角点的施工高度。

方格网法计算步骤如下：

（1）划分方格网。

场地划分为边长为 a 的方格网，每个方格四个角标高为 h_1、h_2、h_3、h_4。

（2）各点计算施工高度。

角点施工高度 h_n = 角点设计标高 H_n − 角点地面标高 H，结果为正表示填方，结果为负表示挖方。

（3）计算零点位置。

在同一方格网内同时有挖方和填方时，用内插法计算出零点的位置，连接零点得到挖方区和填方区的分界线（零线）。

（4）计算方格挖填土量。

单方格土方计算：体积＝底面积 × 平均施工高度，注意零点的施工高度为零。

（5）总土方量计算。

每方格挖方量相加为总挖方量，每方格填方量相加为总填方量。

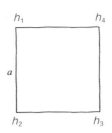

全挖全填

$$V = a^2 \times \frac{h_1 + h_2 + h_3 + h_4}{4}$$

（方格面积 × 平均施工高度）

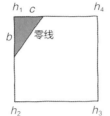

一点填方或挖方

$$V = \frac{bc}{2} \times \frac{h_1 + 0 + 0}{3} = \frac{bch_1}{6}$$

（三角形面积 × 平均施工高度）

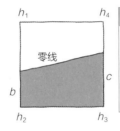

两点填方或挖方

$$V = \frac{(b+c) \cdot a}{2} \times \frac{h_2 + h_3 + 0 + 0}{4}$$

$$= \frac{a}{8}(b+c)(h_2 + h_3)$$

（梯形面积 × 平均施工高度）

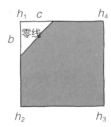

三点填方或挖方

$$V = \left(a^2 - \frac{bc}{2}\right) \times \frac{h_2 + h_3 + h_4 + 0 + 0}{5}$$

$$= \left(a^2 - \frac{bc}{2}\right) \times \frac{h_2 + h_3 + h_4}{5}$$

（五边形面积 × 平均施工高度）

★由于有计算误差，总挖方量与总填方量数值上可能存在差异。

2.3 施工机械

2.3.1 土方施工机械的选择

常用的施工机械包括推土机、铲运机、挖土机、土方运输车。需要尽可能提高施工机械的生产效率，减少施工台班数量，节约成本。

核心知识： 选用效率高且成本较低的施工机械。

推土机一般以履带作为行走机构，行驶速度慢，但是履带与地面接触面积大，对场地要求小，可适用于各种场地。

铲运机要完成铲土与运土工作，运距较大时，在路上的时间过长；铲运机受制于机械结构，斗的尺寸不能做得很大。

挖土机挖土效率高，土方运输车运土量大，二者组合效率高，是土方施工最常用的机械。土方运输车容易发生超载现象，须做好工地管理工作。

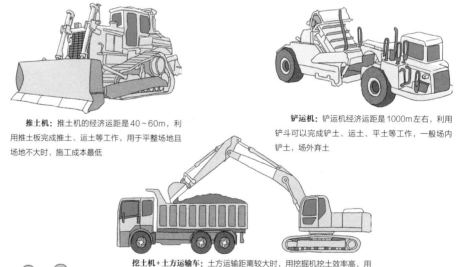

推土机： 推土机的经济运距是40~60m，利用推土板完成推土、运土等工作，用于平整场地且场地不大时，施工成本最低

铲运机： 铲运机经济运距是1000m左右，利用铲斗可以完成铲土、运土、平土等工作，一般场内铲土，场外弃土

挖土机+土方运输车： 土方运输距离较大时，用挖掘机挖土效率高，用土方运输车运土速度快，分别利用两种机械的特长，提高施工效率

★土方施工需作好扬尘防治，保护环境；土方要运到受纳场。

2.3.2 挖土机的选用

挖土机分为正铲挖土机、反铲挖土机、拉铲挖土机、抓铲挖土机。根据应用场景选用合适的挖土机。

核心知识：不同的应用场景，对挖掘机有不同的要求。

建筑工程中反铲挖土机用得最普遍，原因是反铲挖土机的多功能特性：铲斗正常向下挖土时，是挖土机；铲斗平放地面旋转大臂时，是平地机；铲斗挂钢丝绳吊运材料时，是履带式起重机；铲斗换成破碎锤时，是破路机。一机多用，性价比极高！

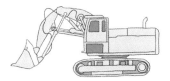

正铲挖土机：铲斗向上，只能开挖停机面以上土体。其铲斗较宽，运土量大。其特点是"前进向上，强制切土"，尤其适用于无地下水的山坡土

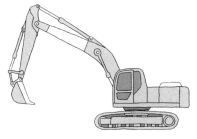

反铲挖土机：铲斗向下，只能开挖停机面以下土体，边挖边退。其特点是"后退向下，强制切土"，适用于几乎所有场景

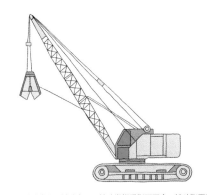

抓铲挖土机：铲斗向下，铲斗类似手指可开合；铲斗张开时向下抓土，到坑底后铲斗合拢向上运土。其特点是"直上直下，自重切土"，尤其适用于定向深挖，如地下连续墙的土方开挖

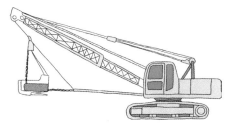

拉铲挖土机：铲斗向下，用钢丝绳相连，施工时铲斗下砸铲土。其特点是"后退向下，自重切土"，尤其适用于远距离取土，例如在岸上清理水中土方

★挖土机的行走机构是履带，其接地面积大，可适用于各种工况。

2.3.3 土方机械的配合

土方机械配合的关键是让挖土机连续工作，土方运输车也要连续工作，使施工机械发挥最大效率。确定一台挖土机配合的土方运输车数量 n 是关键所在。

> **核心知识：**需要充分利用挖土机的工作时间，尽量满负荷运转。

每次运土单辆土方运输车工作时间 $T = t_1 + t_2 + t_3 + t_4$。

单台挖土机满负荷运转下，需要配合的土方运输车数量 $n = T/t_1$。

t_1：土方运输车土方装车时间

t_2：土方运输车路上行驶时间

t_3：土方运输车弃土时间

t_4：土方运输车等待时间，包括红灯、排队装土、洗车等

土方运输车数量与施工成本息息相关。运距和等待时间对所需土方运输车数量影响较大，宜采取措施，在不影响挖土工作的前提下，减少运输车数量，如尽量运往较近的土方受纳场、场地硬化以增加场内行驶速度等，但是不能进行乱弃土方、超速超载等违法行为。

★某些城市白天禁行土方运输车，对夜间施工的时间也有限制，此时，应适当增加土方运输车数量，提前装车，重点是保证工期。

2.4 基坑支护

2.4.1 基坑支护的原理及方法

核心知识："治坡必治水"。

一、基坑支护的原理

为建筑物基础与地下室的施工所开挖的地面以下空间称为建筑基坑。基坑开挖过程中逐渐形成边坡，在土体自重作用下，坡体有破坏的趋势，从而形成滑动面。滑动面上的下滑力由滑动面内土体自重 W 及上部堆载 G 引起，抗滑力由土的抗剪强度，即土体内摩擦力和黏结力提供。

因此，当滑动面上的剪应力大于土的抗剪强度时，土体很可能会发生滑动，引起土坡塌方。基坑支护的基本原理是减少滑动面上的剪应力或增加抗滑力。

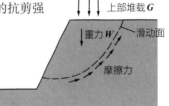

基坑支护原理

剪应力增加的原因	土的抗剪强度降低的原因
（1）基坑边缘堆土或停放机械； （2）水体浸入边坡，使土的含水量增加； （3）地下水的静水压力； （4）地下水渗透，引起动水压力； （5）开挖深度增加，土体自重加大	（1）受风化作用使土质变松； （2）受地下水的侵蚀，土体间产生润滑作用； （3）饱和细、粉砂受振动而液化

二、基坑支护的方法

（1）减载。当土质良好时，堆土或材料应距挖方边缘0.8m以外，高度不应超过1.5m。在软土地区开挖时，应随挖随运，以防由于地面加荷引起的边坡塌方。施工机械与基坑保持安全距离。

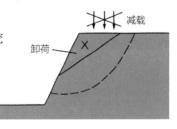

减载、卸荷

（2）卸荷。放足边坡，减少土重。

（3）反压。在滑动面前沿设置压重，如砂袋压重、短桩支护等，以提供支撑。但此法坡体变形较大，须加强监测，确保安全。

（4）排水。设排水沟，防止地表水、施工用水和生活废水浸入基坑边坡土体；雨期施工时，注意检查基坑边坡的稳定性，做好坡面防护工作，防止雨水冲刷基坑边坡。

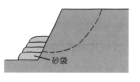
砂袋压重

短桩支护

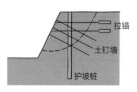
常见支护措施

（5）地基处理。开挖前采取措施对地基进行处理，如注浆、挤密、夯实等，增加土体的抗剪强度。

（6）支护。采取工程措施穿过滑动面形成嵌固，提高滑动面的抗剪强度。常用的深基坑支护结构体系见右图。

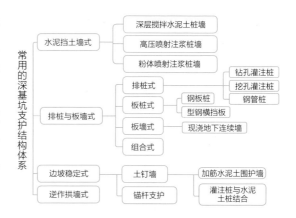

三、基坑支护的要求

（1）确保支护结构能起挡土作用，基坑边坡保持稳定；

（2）确保相邻的建（构）筑物、道路、地下管线的安全，不因土体的变形、沉陷、坍塌受到危害；

（3）通过排水降水等措施，确保基础施工在地下水位以上进行；

（4）在支护结构设计中首先要考虑周边环境的保护，其次要满足本工程地下结构施工的要求，再则应尽可能降低造价、便于施工。

★基坑施工过程中，要加强基坑监测工作，从而保证基坑及周边的安全。

2.4.2 放坡施工

基坑深度较浅，周围无紧邻的重要建筑，施工场地允许时，可直接采取放坡施工，无须进行基坑支护。

核心知识：放坡施工速度快，成本低，满足应用条件时优先选用。

一、直壁开挖

当无地下水时，在天然湿度的土中开挖基坑，可做成直立壁而不放坡，但开挖深度不宜超过下列数值：

（1）密实、中密的砂土和砂填碎石土：1.00m；

（2）硬塑、可塑的轻亚黏土及亚黏土：1.25m；

（3）硬塑、可塑的黏土和黏填碎石土：1.50m；

（4）坚硬的黏土：2m。

二、放坡开挖

基坑中为其他土体或挖方深度大于以上数值时，应以一定坡度放坡。放坡施工时，坑内无支撑，坑内土方机械作业面宽敞无障碍。如地下水位较高，必须采取降低地下水位措施。

1.坡度的定义

边坡坡度 i 以其挖方深度（或填方高度）h 与其边坡底宽 b 之比来表示。

$$i = h/b = 1 : (b/h) = 1 : m$$

其中，m 为坡度系数，$m = b/h$。

2.放坡形式

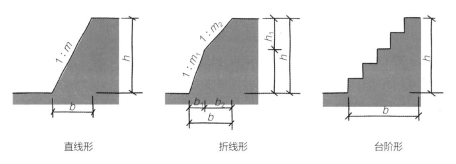

直线形   折线形   台阶形

3.坡度选择

在地质条件良好、土质均匀且地下水位低于基坑底面标高时，挖方深度在5m以内不加支撑的基坑（槽）、管沟边坡的最陡坡度应符合下表的规定。

土的类别	边坡坡度（高：宽）		
	坡顶无荷载	坡顶有静载	坡顶有动载
中密的砂土	1：1.00	1：1.25	1：1.50
中密的碎石类土（充填物为砂土）	1：0.75	1：1.00	1：1.25
硬塑的轻亚黏土	1：0.67	1：0.75	1：1.00
中密的碎石类土（充填物为黏性土）	1：0.50	1：0.67	1：0.75
硬塑的亚黏土、黏土	1：0.33	1：0.50	1：0.67
老黄土	1：0.10	1：0.25	1：0.33
软土（经井点降水后）	1：1.00	—	—

若不满足上述条件，则必须采取支护措施。

三、放坡施工

1.施工工艺流程

测量放样→降低地下水→分层开挖→边坡修理→坡顶截水沟→坑底截水沟。

放坡施工

2.施工要点

（1）场地边坡开挖应自上而下，分层、分段依次进行，严格按设计及施工方案要求控制放坡坡度。

（2）用机械或人工修理边坡。

（3）按设计要求设置台阶，边坡台阶开挖，应做成一定坡势，以利泄水。

分层放坡

（4）基坑周边地面进行排水处理，严防雨水等地面水浸入基坑。

（5）坑底周边开挖集水沟、集水井。

（6）对于暴露时间较长的坡面，应做好坡面的保护，常用的方法有覆盖法、挂网法、挂网抹面法、土袋砌砖压坡法及喷射混凝土法等。

坡面防护

★开挖深度大于5m时，开挖及回填土方的成本较高，放坡施工既不经济也不安全。

2.4.3 横撑式支撑

开挖较窄的沟槽，多用横撑式支撑。根据挡土板的设置方向不同，横撑式支撑分为水平式支撑和垂直式支撑。

> 核心知识：边开挖边支撑，及时支撑。

1.水平式支撑

水平式挡土板有间断式和连续式两种放置方式。施工时，先设置水平挡土板，再加立柱，支撑作用于立柱上。

间断式水平挡土板支撑适用于能保持直立壁的干土或天然湿度的黏土，深度在3m以内。

连续式水平挡土板支撑适用于较潮湿的或散粒的土，深度在5m以内。

2.垂直式支撑

垂直式挡土板分为间断式和连续式两种放置方式。施工时，先设置垂直挡土板，再加水平支杆，支撑作用于水平支杆上。

垂直式支撑适用于土质较松散或湿度很高的土，地下水较少，深度一般在5m之内。

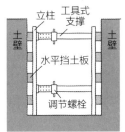

连续式水平挡土板

连续式垂直挡土板

★为加快施工速度，常用钢板作为挡土板。

2.4.4 水泥土墙支护

一、支护原理

水泥土墙支护结构是指由水泥土桩相互搭接形成的格栅式、壁式等形式的重力式结构，具有一定的强度，兼有抗渗作用。

常用的水泥土桩有水泥土搅拌桩和高压旋喷桩。

水泥土搅拌桩利用深层搅拌机在边坡土体需要加固的范围内，将软土与固化剂强制拌和，使软土硬结成具有整体性、水稳性和足够强度的水泥加固土，适用于深度为 $3 \sim 5m$ 的基坑。

高压旋喷桩是指工程钻机钻孔至设计深度后，在钻杆从地基土中逐渐上提的过程中，利用插入钻杆端部的旋转喷嘴，将水泥浆固化剂喷入地基土中形成水泥土桩，桩体相连形成帷幕墙，可用作支护结构挡墙。

水泥土桩相互搭接硬化后即形成具有一定强度的壁状挡墙，具有挡土、截水双重功能。

二、构造要求

1.截面形式

水泥土墙的截面形式多采用壁式、格栅式和实体式。当采用格栅形时，水泥土桩的置换率（水泥土桩面积与格栅总面积之比）为 $0.6 \sim 0.8$。

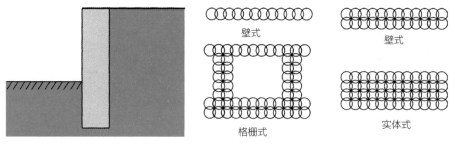

水泥土墙支护剖面   水泥土桩支护平面

2.设计参数

在软土地区当基坑开挖深度 $h \leqslant 5m$，可按经验取墙体宽度 $B = （0.6 \sim 0.8）h$，

嵌入基底下的深度 $h_d = (0.8 \sim 1.2) h$。

水泥土桩之间的搭接宽度，考虑截水作用时不宜小于150mm，不考虑截水作用时不宜小于100mm。

3.材料要求

水泥土桩加固强度随水泥掺入比而异，一般掺入比取12%～14%，采用32.5级普通硅酸盐水泥。可掺加木钙、三乙醇胺、氯化钙、硫酸钠等外加剂，改善水泥土桩的性能和提高早期强度。

水泥土桩的30天强度不应低于0.8MPa。

4.劲性水泥土搅拌桩

为了提高水泥土墙的刚度和抗弯能力，可在顶部插入钢筋，也可插入H形钢，并将水泥掺入比提高至20%，构成劲性水泥土搅拌桩（或称SMW工法），该法可用于8～10m深的基坑。

劲性水泥土搅拌桩

三、施工要点

（1）桩位准确，桩体垂直放线桩位与设计桩位误差不得大于20mm，桩机就位与桩位的误差不得大于50mm，成桩后与设计位置误差应小于50mm。为保证搅拌桩垂直于地面，桩机就位后导向架的垂直度偏差不得超过0.5%，应加强检查。

搅拌桩施工过程

（2）水泥浆不得离析，水泥浆要严格按设计的配合比拌制（一般水灰比为0.5～0.6），制备好的水泥浆停置时间不宜过长（不大于2h），不得有离析现象。

（3）确保水泥土搅拌桩的强度和均匀性。

（4）确保加固体的连续性。

水泥土墙开挖后

2.4.5　排桩支护

排桩支护是在基坑开挖前，在基坑边缘部位设置一排或两排埋入基底以下具有足够深度的悬臂式桩，并将顶部以冠梁相连形成支护墙体，以保证开挖后土壁稳定。

桩的种类包括钻孔灌注桩、挖孔灌注桩、预制钢筋混凝土桩及钢管桩等。桩的排列有间隔式、连续式和双排式。

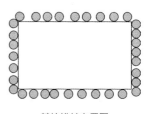

核心知识：排桩挡土，搅拌桩止水。

钻孔灌注桩常用的桩径为 $\phi 600 \sim 1200mm$，多用于深度为 $7 \sim 13m$ 的基坑。由于排桩施工方便、安全度好、费用低，在两层地下室及其以下的深基坑支护结构中优先考虑使用。

一字相间排列　一字搭接排列
一字相接排列　交错相接排列
交错相间排列

排桩排列图

基坑排桩布置图

为增加排桩的整体性，一般在排桩顶上设置连续的冠梁，深度较大时，在中间加 1~2 道腰梁，必要时，在腰梁处加锚杆，形成复合支护。

悬臂式排桩支护

排桩+锚杆支护

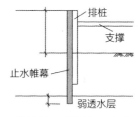

排桩
支撑
止水帷幕
弱透水层

排桩支护+搅拌桩止水帷幕

★排桩支护结构挡土能力强、适用范围广，但一般无阻水功能。为增加排桩的挡水性，常常在排桩后方设置一道连续的搅拌桩。

2.4.6 钢板桩支护

钢板桩由带锁口或钳口的热轧型钢制成,既能挡土又能挡水。钢板桩的形状有U形、Z形、H形等。

> **核心知识:** 钢板桩施工完能回收,循环使用。

1.适用范围

钢板桩适用于较弱地基土及地下水位较高、水量较多的深基坑工程,在砂砾及密实砂土中施工困难,一般支护深度小于15m。

2.优点和缺点

优点:软土地基地区钢板桩打设方便,有一定挡水能力,施工迅速,且打设后可立即开挖。

缺点:柔性较大,基坑较深时支撑(或拉锚)工程量较大,给坑内施工带来一定困难;钢板桩用后拔除时带土,如处理不当会引起土层移动,将会给施工的结构或周围的设施带来危害,应采取有效技术措施减少带土。

U形钢板桩

Z形钢板桩

H形钢板桩

3.施工工艺流程

测量放线→布设定位桩→安装定位架→插打钢板桩→基坑开挖至垫层底→排水系统设置→回填→拔除钢板桩。

4.打桩方法

(1)逐根式打入法。从板桩墙的一角开始,逐根打设,直至工程结束。该法施工简便、迅速、不需要其他辅助支架,但易使钢板桩向一侧倾斜,且误差积累后不易纠正。该方法适用于精度要求不高的情况。

(2)屏风式打入法。将10~20根钢板桩成排插入导架内,呈屏风状,然后再分批施打。该法可以减少倾斜误差积累,防止过大的倾斜,而且易于实现封闭合

拢，能保证板桩墙的施工质量。但该方法插桩的自立高度较大，要注意插桩的稳定和施工安全。

（3）错列式打入法。每隔一根桩进行打入，然后再打入中间的桩。这样可以改善桩列的线性情况，避免了倾斜问题。该方法适用于硬土层。

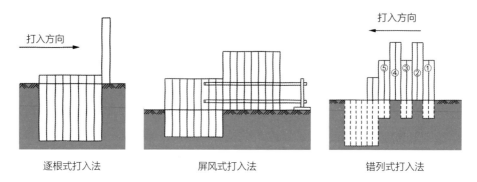

逐根式打入法　　　　屏风式打入法　　　　错列式打入法

5.打桩设备

常用的设备包括冲击式打桩机、振动式打桩机和静力式压桩机。

	机械类型	冲击式打桩机			振动式打桩机（振动锤）	静力式压桩机
		柴油锤	蒸汽锤	落锤		
钢板桩	形式	除小型板桩外所有板桩	除小型板桩外所有板桩	所有桩型板桩	所有桩型板桩	除小型板桩外所有板桩
	长度	任意长度	任意长度	适宜短桩	很长不适合	任意长度
地层条件	软弱粉土	不适合	不适合	合适	合适	可以
	粉土、黏土	合适	合适	合适	合适	合适
	砂层	合适	合适	不适合	可以	可以
	硬土层	可以	可以	不可以	不可以	不适合
施工条件	辅助设施	规模大	规模大	简单	简单	规模大
	噪声	高	较高	高	小	几乎没有
	振动	大	大	少	大	无
	贯入能量	大	一般	小	一般	一般
	施工速度	快	快	慢	一般	一般
费用		高	高	便宜	一般	高
工程规模		大工程	大工程	简单工程	大工程	大工程

6.钢板桩的拔除

一般用振动拔桩机拔除，拔除顺序与打桩顺序相反，拔除后形成的桩孔要及时回填密实。

2.4.7 地下连续墙

地下连续墙是在基坑开挖前，先在地下修筑的一道连续的钢筋混凝土墙体，以满足开挖及地下施工过程中的挡土、截水防渗要求，并可作为地下结构的一部分。

> 核心知识：地下连续墙利用锁口管分段施工。

1.适用范围

地下连续墙有很好的适用性，可以在各种地质条件和周边环境下应用，尤其适用于地下设施密集及周边环境保护要求较高的深基坑。

2.优点和缺点

优点：墙体刚度大、整体性好；适用各种地质条件；可减少工程施工时对环境的影响；防渗性能好；工效高、工期短、质量可靠、经济效益高。

缺点：在城市施工时，废泥浆的处理比较麻烦；在一些特殊的地质条件下（如很软的淤泥质土，含漂石的冲积层和超硬岩石等），施工难度很大；若只用于临时挡土，则不够经济。

地下连续墙施工工艺流程

3.施工工艺流程及要点

（1）修筑导墙。导墙通常为就地灌注的钢筋混凝土结构。主要作用是保证地下连续墙设计的几何尺寸和形状。导墙深度一般为1.2~1.5m。墙顶高出地面10~15cm，以防地表水流入而影响泥浆质量。

导墙测量定位

导墙开挖

导墙钢筋绑扎

导墙模板支撑　　　　　　　　导墙混凝土浇筑　　　　　　　导墙架设支撑

（2）泥浆护壁。通过泥浆对槽壁施加压力以保护挖成的深槽形状不变，后期灌注混凝土把泥浆置换出来。

（3）开挖沟槽。用于成槽的专用机械有：旋转切削多头钻、导板抓斗、冲击钻等，施工时应视地质条件和筑墙深度选用。

（4）钢筋笼制作与吊运。一般在工地现场按图纸加工钢筋笼，用起重机提升并空中转体后放置于开挖的沟槽中。

（5）水下灌注混凝土。采用导管法按水下混凝土灌注法进行，但在用导管开始灌注混凝土前为防止泥浆混入混凝土，可在导管内吊放一管塞，依靠灌入的混凝土压力将管内泥浆挤出。

（6）墙段接头处理。为保持墙段之间连续施工，接头采用锁口管工

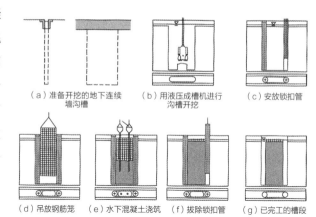

（a）准备开挖的地下连续　　（b）用液压成槽机进行　　（c）安放锁扣管
　　　　墙沟槽　　　　　　　　　沟槽开挖

（d）吊放钢筋笼　　（e）水下混凝土浇筑　　（f）拔除锁扣管　　（g）已完工的槽段

地下连续墙的施工

艺，即在灌注槽段混凝土前，在槽段的端部预插一根直径和槽宽相等的钢管，即锁口管，待混凝土初凝后将钢管徐徐拔出，使端部形成半凹榫状接头。

★地下连续墙挡土挡水效果都很好，可以降低施工对周边环境的影响。施工时一般按永临结合处理，以降低工程造价。

2.4.8 土钉墙支护

土钉墙是采用土钉加固基坑侧壁土体与护坡面板等组成的结构。土钉墙具有施工速度快、施工设备轻便、简单、对土层适应性强、结构轻巧、延性好、占用地小、经济的特点。

> 核心知识：支护与开挖协调，每挖一层，就支护一层。

1.支护原理

土钉是置入于现场原位土体中以较密间距排列的细长杆件，如钢筋或钢管等，通常还外裹水泥砂浆或水泥净浆浆体。

土钉的特点是沿通长与周围土体接触，与周围土体形成一个组合体共同受力。在土体发生变形的条件下，通过与土体接触面的黏结力或摩擦力，土钉被动受拉，并通过受拉给土体以约束加固或使其稳定。土钉墙由被加固土体、土钉群和喷射混凝土面板组成，形成一个以土挡土的类似重力式的挡土墙。

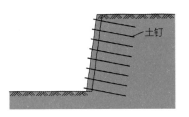

土钉墙剖面图

2.适用范围

土钉墙适用于地下水低于土坡开挖段或经过降水措施后使地下水位低于开挖层的情况。

为了保证土钉墙的施工，土层在分阶段开挖时，应能保持自立稳定。为此，土钉适用于有一定黏结性的杂填土、黏性土、粉性土、黄土类土及含有30%以上黏土颗粒的砂土边坡。

此外，当采用喷射混凝土面层或坡面浅层注浆等稳定坡面措施，能够保证每一边坡台阶的自立稳定时，也可采用土钉支护体系作为稳定砂土边坡的方法。

3.施工工艺流程

定位→挖土修坡→土钉成孔→插筋→注浆→铺放、压固钢筋网→喷射混凝土→挖下层土。

挖土修坡

土钉成孔

插筋

注浆

挂网

喷射混凝土

成型

4.施工要点

（1）挖土修坡。大型挖掘机根据基坑上下口线挖出边坡轮廓后，人工配合小型挖机修坡，同时以坡度尺控制检查边坡坡度，检验坡度是否符合设计要求。成型边坡坡面平整顺直，坡度一致，无明显凸起或凹进，符合设计要求。

（2）土钉成孔。土钉坡面定位后采用水平钻机干作业成孔，成孔角度15°～20°。

（3）土钉安装及注浆。土钉成孔后及时插入钢筋土钉，现场水泥浆二次注浆，保证土钉施工质量。

（4）钢筋网片绑扎。钢筋网片采用HPB300钢筋，$\phi 6@250 \times 250$，接头采用绑扎连接方式，保护层厚度30mm。

（5）喷射混凝土面板。采用空压设备分段自下而上喷射C20细石混凝土，喷射过程做到喷射回弹量小，喷层强度高，喷射厚度80mm。

（6）土钉成型。坡面平整，接缝成型质量好，阴阳角顺直。

★除基坑支护外，土钉墙也常用于工程边坡支护。

2.4.9 锚杆支护

锚杆是一种埋入岩土层深处的受拉杆件，它一端与支护结构的挡墙相连接，另一端锚固在稳定的岩土层中。通常对其施加预应力，以承受由土压力、水压力等所产生的拉力，维护支护结构的稳定。

> **核心知识：**锚杆既可受力，又可减少基坑变形。

采用锚杆的优点是在基坑施工时坑内无支撑，开挖土方和地下结构施工不受支撑干扰，施工作业面宽敞，故在深基坑工程中应用较多。

1.锚杆的组成

锚杆由锚头、锚筋和锚固体组成。

锚杆以主动滑动面为界，分为非锚固段（自由段）和锚固段。非锚固段处在可能滑动的不稳定土层中，可以自由收缩。锚固段处在稳定岩土层中，与周围岩土层牢固结合，将荷载分散到稳定岩土层中去。

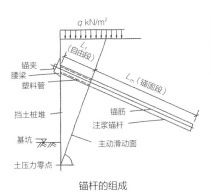

锚杆的组成

锚杆现场图

2.施工工艺流程

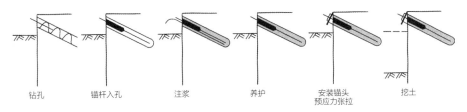

| 钻孔 | 锚杆入孔 | 注浆 | 养护 | 安装锚头
预应力张拉 | 挖土 |

锚杆施工顺序示意图

3.施工要点

（1）施工准备。

① 挖土至锚头下500~600mm，并平整好锚杆施工操作范围内的场地，以便于钻孔作业。

② 做好其他准备，如电源、注浆机泵、注浆管钢索、预应力张拉设备等。

（2）钻孔。

① 钻孔前按设计及土层定出孔位，并做出标记。

② 锚杆水平方向孔距误差不大于50mm，垂直方向孔距误差不大于100mm。钻孔底部偏斜尺寸不大于长度的3%，可用钻孔测斜仪控制钻孔方向。

（3）注浆。注浆分一次注浆法和二次注浆法。一次注浆法用一根注浆管，宜选用灰砂比（1∶1）~（1∶2）、水灰比0.38~0.45的水泥砂浆或水灰比0.45~0.5的水泥浆进行高压注浆，压力宜控制在2.5~5.0MPa。二次注浆法用两根注浆管。第一次注浆的浆体压力达到5MPa后进行第二次高压注浆，使浆液冲击第一次的浆体向锚固体与土的接触面间扩散，提高锚杆的承载力。

（4）预应力张拉。预应力锚杆张拉锚固应在锚固段浆体强度大于15MPa，并达到设计强度等级的75%后方可进行。

张拉应采用"跳张法"，即隔二拉一，以减少邻近锚杆的相互影响。

（5）土层锚杆防腐处理。土层锚杆锚固段采用水泥砂浆封闭防腐，拉杆周围保护层厚度不小于10mm，自由段涂润滑油或防腐漆，外包塑料布，锚头采用沥青防腐。

| 锚杆钻孔 | 锚筋入孔 | 锚杆张拉 |

2.4.10 内撑式支护

当基坑深度较大，悬臂挡墙在强度和变形方面不能满足要求时，需要增设内支撑。

核心知识：分层支撑、分层开挖、限时支撑、先撑后挖。

一、钢结构支撑

优点：拼装和拆除方便、迅速，为工具式支撑，可多次重复使用，而且可根据控制变形的需要施加预顶力。

缺点：与钢筋混凝土结构支撑相比，变形相对较大，且由于圆钢管和型钢的承载能力不如钢筋混凝土结构支撑的承载能力大，因而支撑水平向的间距不能很大，对于机械开挖不太方便。

钢结构支撑多用圆钢管和H形钢。为了减少挡墙的变形，用钢结构支撑时可用液压千斤顶施加预顶力。

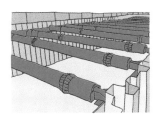

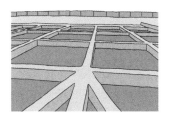

钢管支撑　　　　　　　　H形钢支撑　　　　　　　　混凝土支撑

1. 钢管支撑

一般采用 ϕ 609、ϕ 580、ϕ 406钢管，用不同壁厚的钢管来适应不同的荷载，常用的壁厚为12mm、14mm，有时用16mm。

钢管的刚度大，单根钢管有较大的承载能力，不足时还可两根钢管并用。

支撑的形式多为对撑或角撑。为利于挖土，对跨度大的基坑可做成圆形支撑或桁架式支撑。

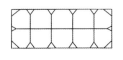

对撑　　　　　　　角撑　　　　　　圆形支撑　　　　　桁架式支撑

采用钢管支撑时,挡墙的腰梁有钢筋混凝土腰梁和型钢腰梁。钢筋混凝土腰梁刚度大,承载能力高,可增大支撑间距。

2.H形钢支撑

H形钢支撑用螺栓连接,为工具式钢支撑,现场组装方便,构件标准化,对不同的基坑能按照设计要求进行组合和连接,可重复使用,有推广价值。H形钢分为焊接H形钢和轧制H形钢两种。

二、钢筋混凝土支撑

钢筋混凝土支撑大多利用土模或模板随着挖土过程逐层现场浇筑,截面尺寸和配筋根据支撑布置和构件内力大小而定。

第一道支撑 先撑后挖 第二道支撑

钢筋混凝土支撑刚度大,变形小,能有效地控制挡墙变形和周围地面的变形,宜用于较深基坑和周围环境要求较高的地区。但在施工中要尽快形成支撑,减少土壤蠕变,减少时间效应。

钢筋混凝土支撑形式可随基坑形状而变化,如对撑、角撑、桁架式支撑、圆形、拱形、椭圆形等形状。混凝土强度等级多为C30。支撑尺寸在高度方向与腰梁相匹配,截面尺寸和配筋由计算确定。

对大尺寸的基坑,支撑交点处需设立柱,在垂直方向支承水平支撑。立柱可为四个角钢组成的格构式柱、圆钢管或型钢。立柱的下端插入作为工程桩使用的灌注桩内,插入深度不宜小于2m,否则立柱就要设置专用的灌注桩基础,因此格构式立柱的平面要与灌注桩的直径相匹配。

对于存在多道水平支撑的深基坑,设计支撑时要考虑挖土机在支撑上方挖土施工产生的荷载,施工中要采取措施避免挖土机直接作用于支撑上。

★内支撑的存在对大规模机械开挖不利,要合理协调基坑安全与施工进度。

2.4.11　基坑土方开挖

基抗土方开挖的方法分为分层开挖法、岛式开挖法和盆式开挖法。

1.分层开挖法

分层开挖一般适用于基坑较深、土质较软弱、分层开挖、整体浇灌混凝土垫层的工程。开挖顺序：从基坑的某一边向另一边平行开挖，也可从基坑两头对称开挖或从基坑中间向两边平行对称开挖，也可交替分层开挖。

2.岛式开挖法

岛式开挖即保留基坑中心土体，先挖除挡墙四周土方的开挖方式。这种开挖方式的优点是可以利用中心岛搭设栈桥，以加快土方外运，提高挖土速度。缺点是由于先挖挡土墙内四周的土方，挡墙的受荷时间长，在软黏土中时间效应显著，有可能增大支护结构的变形量。常用于无内撑支护开挖或采用边桁架等大空间支护系统的基坑开挖。

3.盆式开挖法

盆式开挖即先挖除基坑中间部分的土方，后挖除挡墙四周土方的开挖方式。这种开挖方式的优点是挡墙的无支撑暴露时间短，利用挡墙四周所留土堤，阻止挡墙的变形。有时为了提高所留土堤的被动土压力，还要在挡墙内四周进行土体加固，以满足控制挡墙变形的要求。盆式开挖的缺点是挖土及土方外运速度较岛式开挖慢。此法多用于较密支撑下的开挖。

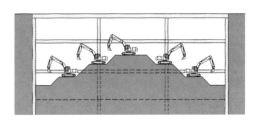

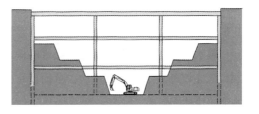

2.5 降排水工程

2.5.1 概述

地下水位较高时，埋藏于地下的水资源由于基坑开挖而暴露，在渗流力作用下源源不断地涌入基坑。地下水对基坑造成的影响包括：

（1）泥水混合，恶化了工人的劳动环境；

（2）施工时水对基底土体的扰动，降低了地基承载力，增大了沉降量；

（3）渗流水降低了基坑稳定性，易产生涌水、冒沙、坑底隆起等不良后果。

因此，施工时，需要把地下水位降低到坑底以下至少0.5m，以保证坑底的干燥性。处理地下水的方法包括明排水法、降水法和截水法。

明排水法是直接用水泵抽水以降低地下水位，一般用于渗透系数比较小的土层。水位降低后，地下水补给困难，在一段时间内可以利用干燥土体施工，待水位上升后再次抽水维持干燥。

降水法是24h不间断地抽水，一般用于渗透系统比较大的土层。由于水位降落造成补水面积增加，使渗透水量增加。当抽水量等于补给水量的时候，水位维持不变；当停止抽水后，水位持续上升。

截水法是在基坑周边设置不透水的截水层，阻止坑外地下水流入坑内，从而使坑内水能快速抽干。

核心知识：加强监测，警惕地下水位下降带来的问题。

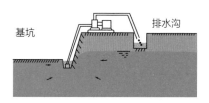

明排水

降水

截水

★不论采用哪种方法，降排水工作都要持续到基础施工完毕并回填土后才能停止。

2.5.2 明排水法

明排水法又称集水明沟法，是一种让雨水及地下水通过排水沟汇入集水井，再用水泵排出基坑的方法。该方法施工方便，设备简单，可用于土质较好、水量不大的场景。水的收集方法具体可分为：

> 核心知识：明排水法设备简单，价格便宜，宜优先选用。

（1）坡顶截水。在基坑周围设置排水沟、截水沟或筑土堤等，尽量利用原有的排水系统，使基坑上部地表水不流入坑内。

（2）坡面排水。坡面用混凝土硬化，使坡面雨水快速流入坑底，减少对坡面的冲刷，维持坡面的稳定性。

（3）坑底抽水。在基坑开挖过程中，沿坑底周围或中央开挖有一定坡度的排水沟，在坑底每隔一定距离设一个集水坑，雨水及地下水通过排水沟流入集水坑中，然后用水泵抽走。

坡顶截水

坡面排水

坑底抽水

集水井应设置在基础范围以外的边角处，一般每 20～40m 设置一个。集水井的直径或宽度一般为 0.6～0.8m。集水井井底深度随着挖土的加深而加深，一般要低于挖土面 0.7～1.0m。其施工程序为：挖排水沟→设集水井→抽水→再挖土、沟、井。

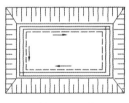
基坑分层开挖图

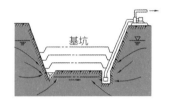
明排水法平面图

　　基坑挖至设计标高后，井底应低于基坑底 1 ~ 2m，并铺设碎石滤水层，以免长时间抽水将泥砂抽出，使基底土结构遭受破坏。

　　集水井降水法常用的水泵有离心泵、潜水泵。

　　离心泵的抽水原理是利用叶轮高速旋转时产生的离心力，将轮心部分的水甩往轮边，沿出水管压向高处。此时叶轮中心形成部分真空，这样，水在大气压力作用下，就能源源不断地从吸水管自动上升进入水泵。离心泵的主要参数包括：流量、总扬程、吸水扬程和功率等。

　　潜水泵由立式水泵和电动机组合而成，水泵装在电动机上端，叶轮可制成离心式或螺旋桨式，通过电动机做功抽水。潜水泵的主要参数包括：流量、扬程、泵转速、配套功率、额定电流、效率、出水口管径等。

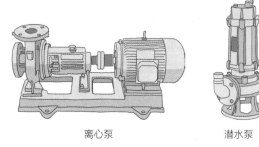

离心泵　　　　　　　潜水泵

　　对基坑深度大，地下水位高，多层土中上部有透水性较强的土层的情况，可在基坑边坡上设置 2 ~ 3 层排水沟，避免上层地下水冲刷边坡造成塌方，同时可减少边坡高度和水泵的扬程。

水泵

原地下水位线

降低后地下水位线

二层排水沟

二层集水井

底层排水沟

底层集水井

分层排水法

　　★施工时，由于基坑内水位的降低，使基坑内外形成水头差，形成渗流。对于粉细砂地层，容易产生流砂现象，产生坑内涌水、坑外地陷现象，要采取措施避免。

2.5.3 流砂防治

一、定义

基坑开挖到地下水位以下时，有时坑底土会进入流动状态，随地下水一起涌入基坑内，这种现象称为流砂。

> **核心知识**：流砂易引起安全事故，必须采取预防措施。

二、影响

流砂现象对工程影响很大，具体表现为土体完全失去承载力，工人难以立足，施工条件恶化；土边挖边冒，难以达到设计深度；引起塌方，使附近建筑物下沉、倾斜，甚至倒塌；拖延工期，增加施工费用。

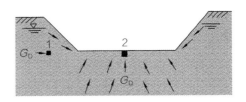

动水压力对地基土的影响

三、流砂发生的原因

（1）内因：土壤的性质。土的孔隙度大（天然空隙比＞0.75）、含水量大（含水量＞30%）、黏粒含量少、粉粒多（黏粒含量<10%，粉粒含量＞75%）、颗粒级配差（土的不均匀系数小于5）、渗透系数小、排水性能差等情况下均容易导致产生流砂现象。

（2）外因：当坑内水位低于坑外水位时，土体会产生渗流。渗透力 G_D 与土体两端的水头差（h_1-h_2）成正比，与土体渗透距离 L 成反比。一般用水力梯度（水力坡降）来衡量渗透作用的影响：

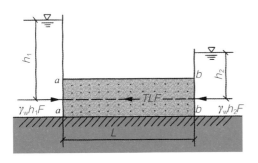

水在土中渗流示意图

h_1—上游水头高度；h_2—下游水头高度；T—单位土体阻力；F—渗透截面面积；a–a—上游截面；b–b—下游截面

水力梯度 $i = (h_1-h_2)/L = \Delta h/L$

渗透力 $G_D = i\gamma_w$

式中，γ_w 为水的重度。

以坑底单位土体为研究对象，

土体所受的力包括土体自重 W，下部土体支撑力 N 及自下向上的渗透力 G_D，形成力的平衡，即

$$W = N + G_D$$

由于单位土体的自重 W 不变，随着开挖深度的增加，坑内水位 h_2 不断下降，渗透力 G_D 不断增加，对应的下部土体支撑力 N 不断减小。当渗透力 G_D 与单位土体自重 W 相等时，土体支撑力减少到零，土体处于悬浮状态；而渗透力 G_D 大于单位土体自重 W 时，下部支撑力不可能出现负值，则土体产生向上的合力，从而坑底土体源源不断流入坑内，引起流砂。

（3）流砂防治原则：治流砂必先治水。

（4）流砂防治的主要途径：①减小或平衡渗透力；②改变渗透力的方向，设法使渗透力的方向向下；③截断地下水流。

四、流砂防治方法

流砂防治方法		
（1）抢挖并抛大石块法		（2）止水帷幕法
分段抢挖土方，使挖土速度超过冒砂速度，在挖至标高后立即铺竹、芦席等，并抛大石块，以平衡动水压力，将流砂压住。其基本思路是增加土体自重，从而平衡渗透力 G_D		将连续的止水支护结构（如连续板桩、深层搅拌桩、密排灌注桩等）打入基坑底面以下一定深度，形成封闭的止水帷幕。其基本思路是截住地下水流，增加渗透距离 L，从而降低渗透力 G_D
（3）枯水期施工法	（4）人工降低地下水位法	（5）水中挖土法
枯水期地下水位较低，基坑内外水位差小，动水压力小，就不易产生流砂。其基本思路是降低坑外水位 h_1，从而降低渗透力 G_D	采用井点降水法，同时降低坑内外水位，不让地下水流入基坑。其基本思路是降低坑内外水头差 $(h_1 - h_2)$，从而降低渗透力 G_D	不排水施工，使坑内外水压平衡，不形成渗透力，如沉井施工、河道疏浚等。其基本思路是降低坑内外水头差至零，从而使渗透力 G_D 降为零。

★流砂现象对基坑内表现为流砂，对基坑外表现为地陷。

2.5.4 井点类型

井点降水是指在基坑开挖前，预先在基坑四周埋设一定数量的滤水管（井），在基坑开挖前和开挖过程中，不断抽出地下水，使地下水位降低到坑底以下，从根本上解决地下水涌入坑内的问题。其可以防止边坡由于受地下水流的冲刷而引起的塌方。

> 核心知识：依据土的渗透系数和降低水位深度确定井型。

降水方法的选用，应根据土的渗透系数、降水水位的深度、工程特点、设备条件及经济条件等具体条件选择。

各类井点的适用范围			
项次	井点类别	土的渗透系数	降低水位深度 /m
1	单级轻型井点	0.1 ~ 50	3 ~ 6
2	多级轻型井点	0.1 ~ 50	视井点级数定
3	电渗井点	<0.1	视选用的井点确定
4	管井井点	20 ~ 200	3 ~ 5
5	喷射井点	0.1 ~ 2	8 ~ 20
6	深井井点	10 ~ 250	>15

真空泵理论最大抽水高度是10m，由于设备真空度难以达到100%，一般最大抽水高度为6m左右；降低水位深度大于6m时，应采用多级井点或非真空泵。

对渗透系数较大的土层，每台水泵对应一个井点（管井井点、深井井点）；对渗透系数小的土层，用一台水泵带动多根井点管同时抽水，达到较高的效率（轻型井点）；对渗透系数特别小的土层，可以在土里通电，使水定向聚集在负极，然后再用水泵抽走（电渗井点）。

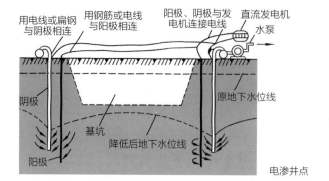

用电线或扁钢
与阴极相连
用钢筋或电线
与阳极相连
阳极、阴极与发
电机连接电线
直流发电机
水泵
阴极
阳极
基坑
原地下水位线
降低后地下水位线

电渗井点

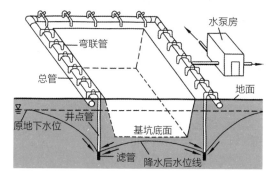

水泵房
弯联管
总管
地面
原地下水位
井点管
基坑底面
滤管
降水后水位线

轻型井点

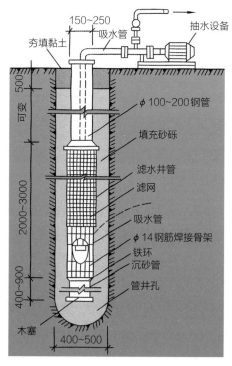

夯填黏土
150~250
吸水管
抽水设备
可变
500
ϕ 100~200钢管
填充砂砾
滤水井管
滤网
吸水管
ϕ 14钢筋焊接骨架
铁环
沉砂管
管井孔
木塞
400~500
2000~3000
400~900

管井井点

2.5.5　轻型井点的构造

轻型井点是沿基坑的四周将许多直径较细的井点管埋入地下蓄水层内，井点管的上端通过弯联管与总管相连接，利用抽水设备将地下水从井点管内不断抽出，这样便可将原有地下水位降至坑底以下。

轻型井点设备由管路系统和抽水设备组成。

管路系统包括滤管、井点管、弯联管及总管等。

滤管：直径宜为38mm或51mm，长度为1.0~1.5m，管壁上钻有直径为13~19mm的小圆孔，外包以两层滤网。

井点管：直径为38mm或51mm的钢管，其长度为5~7m，可整根或分节组成。

弯联管：宜装有阀门，以便检修井点。

> **核心知识**：轻型井点构造考虑管材生产标准化的要求。

总管：宜采用直径为100~127mm的钢管，总管每节长度为4m，其上每隔0.8m或1.2m设有一个与井点管连接的短接头。

抽水设备常用的是真空泵和射流泵。其中真空泵真空度高，降水深度较大，能负荷的总管长度长，但体形大、耗能多、构造复杂，易出故障、维修管理困难；射流泵简单、轻小、节能、降水深度大，但其所带的井点管一般只有25~40根，总管长度30~50m。

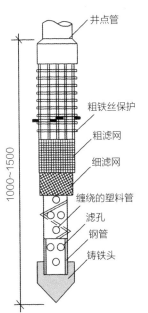

滤管构造

弯联管

射流泵

2.5.6 轻型井点的布置

轻型井点的布置应根据基坑大小与深度、土质、地下水位高低与流向、降水深度要求等而定。

核心知识：轻型井点的布置要验算设备抽水量和扬程。

1.平面布置

（1）单排布置：当基坑或沟槽宽度小于6m，且降水深度不超过5m时，布置在地下水流的上游一侧。

（2）双排布置：基坑宽度大于6m或土质不良时采用。

（3）环形布置：当基坑面积较大时采用。

（4）U形布置：井点管不封闭段应在地下水的下游方向，作为土方车辆进出的通道。

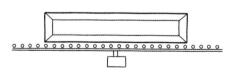

单排布置

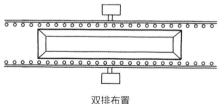

双排布置

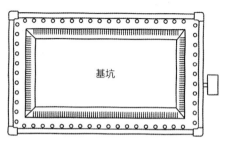

基坑

环形布置

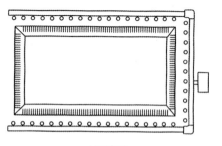

U形布置

2.高程布置

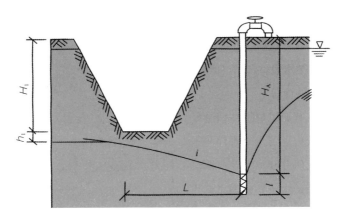

高程布置示意

井点管的埋置深度 H_A（不包括滤管），可按下式计算：

$$H_A \geqslant H_1 + h_1 + i \cdot L$$

式中，H_A 为井点管的埋设深度；H_1 为井点管埋设面至基坑底面的距离；h_1 为基坑底面至降低后的地下水位的距离，取 0.5～1.0m；i 为水力坡度，单排时为 1/4，双排时为 1/10；L 为井点管至基坑中心的水平距离（在单排井点中，为井点管至基坑另一侧的水平距离）。

★高程验算一般只验算基坑长边，原因是最中间的地下水离长边更近。

2.5.7 轻型井点的计算

轻型井点的计算包括涌水量的计算、井点管数量和间距的计算、抽水设备选用时的计算等。

> **核心知识：** 判断井形并选用合适公式是确定涌水量的关键。

1.涌水量Q的计算

首先要判断井形，根据井型选择合适的公式。根据地下水是否存在压力水头，分为无压井和承压井；根据井底是否位于不透水层，分为完整井和非完整井。

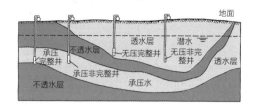

（1）无压完整井

$$Q = 1.366K \frac{(2H-S)S}{\lg R - \lg x_0}$$

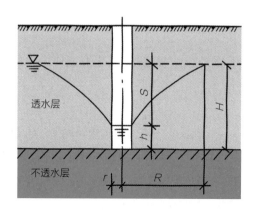

（2）无压非完整井

$$Q = 1.366K \frac{(2H_0-S)S}{\lg R - \lg x_0}$$

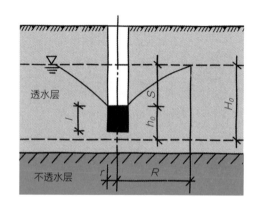

（3）承压完整井

$$Q = 2.73K \frac{MS}{\lg R - \lg x_0}$$

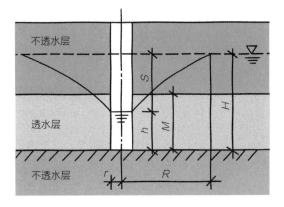

（4）承压非完整井

$$Q = 2.73K \frac{MS}{\lg R - \lg x_0} \cdot \sqrt{\frac{M}{l + 0.5r}} \cdot \sqrt{\frac{2M - l}{M}}$$

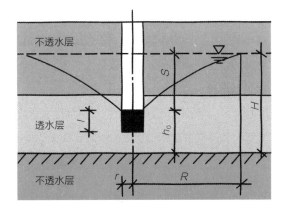

上述公式与图示中，H 为含水层厚度；H_0 为含水层有效深度；h 为井内水深；h_0 为降水后有效深度；r 为抽水井半径；R 为群井降水影响半径；l 为滤管长度；S 为井点管处水位降落值；K 为渗透系数；M 为透水层厚度；x_0 为环形井点系统的假想半径，当矩形基坑长宽比不大于 5 时，环形布置的井点可近似作为圆形井来处理，并用面积相等原则确定，此时有 $x_0 = (F / \pi)^{1/2}$，F 为环形井点所包围的面积。

2.井点管数量和间距计算

单根井点管的最大出水量 q 可根据下式计算：

$$q = 65\pi dl\sqrt[3]{K}$$

式中，d 为井点管直径。

井点管最少根数 n 可根据下式计算：

$$n = 1.1\frac{Q}{q}$$

井点管间距 D 可根据下式计算：

$$D = \frac{L}{n}$$

式中，L 为总管长度。

3.构造要求

（1）井距应能与总管的接头间距相适应，常取 0.8m、1.2m、1.6m、2.0m；

（2）靠近河流处，井点管适当加密；

（3）井距不宜过小，以免相互干扰大，影响出水量，一般井距 $D > 15d$；

（4）在渗透系数小的土中井距宜小些，否则水位降落时间过长。

经过构造要求调整后，得到最终的井点管数量及布置。

4.轻型井点抽水设备选择

（1）真空泵。常用 W5、W6 型干式真空泵，W5 型泵集水总管长度 ≤100m，W6 型泵集水总管长度 ≤120m。真空泵抽水过程中的最低真空度 P_k 可根据下式计算：

$$P_k = \gamma_w \cdot (S + \Delta S)$$

式中，γ_w 为水的重度，一般取 10kN/m³；ΔS 为水头损失，一般取 1~1.5m。

（2）射流泵。常用 QJD-60、QJD-90、JS-4S 等型号，排水分别为：60m³/h、90m³/h、45m³/h，集水总管长度 ≤50m。

★水泵参数主要包括抽水量及抽水高度，在选用时注意要保留一定的富余量。

2.5.8 轻型井点施工及降水影响

1.施工

轻型井点施工流程包括施工准备、井点系统安装与使用及井点拆除。

> 核心知识：采取措施减少降水对周边环境的影响。

准备工作：井点设备、动力、水源及必要材料的准备，开挖排水沟，观测附近建筑物标高以及实施防止附近建筑物沉降的措施等。

埋设井点程序：挖井点沟槽→敷设集水总管→埋设井点管→接通井点与总管→安装抽水设备→试运行→正式抽水。

井点管的埋设一般用水冲法，分为冲孔与埋管两个过程。冲孔时，先用起重设备将冲管吊起并插在井点的位置上，然后开动高压水泵，将土冲松，边冲边沉。孔冲成后，立即拔出冲管，插入井点管，并在井点管与孔壁之间迅速填灌砂滤层，以防孔壁塌土。井点填砂后，在地面以下0.5~1.0m范围内须用黏土封口，以防漏气。

井点管埋设完毕，应接通总管与抽水设备进行试抽水，检查有无漏水、漏气，出水是否正常、有无淤塞等现象。如有异常情况，应检修好后方可使用。

井点管使用时其出水规律为先大后小，先浑后清。要保证连续不断地抽水，并准备双电源。必要时，对附近建筑物进行沉降观测。

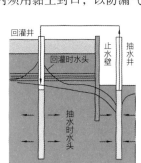

坑内抽水，坑外回灌

2.降水对周围建筑物影响及防止措施

（1）影响：降水时，基坑周边水位下降产生降水漏斗，靠近基坑水位下降多，远离基坑下降少。水位下降时，对土体产生向下的附加应力，致使周围地基产生不均匀沉降，易产生建筑物倾斜、开裂等不利影响。

（2）防止措施：①减缓降水速度；②设止水帷幕；③回灌井法。

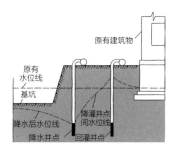

坑外抽水，坑外回灌

2.6 土方填筑与压实

2.6.1 回填土的选择

为使填土满足强度与稳定性要求，土方填筑工程必须正确选择填方土料和土方填筑与压实的方法，且最好采用同类土进行填筑，并应分层填土压实。为减少施工成本和土方运输量，有条件时，宜用施工现场开挖的原土回填。原土临时堆放需综合考虑场地平面布置和基坑安全的要求。

> **核心知识：** 回填土要满足工后沉降稳定、压实效果好的要求。

宜采用的土	原因	注意事项
级配良好的砂土或碎石土、爆破石渣	压实效果最好，工后沉降小	最大粒径不得超过每层铺填厚度的 2/3
性能稳定的工业废料	满足垃圾减量化要求，节约资源	不能造成水土污染
含水量符合压实要求的黏性土	可用作各层填料	调整在最优含水量下压实

不宜采用的土	原因
冻土、膨胀性土	易产生工后膨胀
淤泥、淤泥质土、有机物含量大于 5% 的土	易产生工后沉陷
硫酸盐含量大于 5% 的土	地下水作用下易流失
含水量大的黏土	易变形，难压实

若采用两种透水性不同的填料时，上层宜填筑透水性较小的填料，下层宜填筑透水性较大的填料。

在透水性较小的土层上填筑透水性较大的土壤时，必须将两层结合面做成中央高、四周低的弧面排水坡度或设置盲沟，以避免填土内形成水囊。

当填方位于倾斜的地面时，应先将斜坡挖成阶梯状，然后分层填筑，以防填土横向滑移。

> ★在道路工程中，黏性土不是理想的路基填料。

2.6.2 填土压实方法

填土采用机械压实，常用的方法包括碾压法、夯实法和振动压实法。

> 核心知识：根据土体性质合理选用压实机械。

一、碾压法

碾压法是利用机械滚轮的压力压实土壤，使之达到所需的密实度。平碾是一种以内燃机为动力的自行式压路机，重量为6~15t，适用于各种土体压实；羊足碾单位面积的压力比较大，土壤压实的效果好，一般用于碾压黏性土，不适于砂性土。

松土碾压宜先用轻碾压实，再用重碾压实。碾压机械压实填方时，行驶速度不宜过快，一般平碾不应超过2km/h；羊足碾不应超过3km/h。

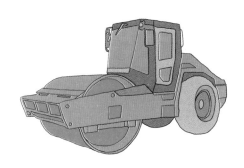

平碾

羊足碾

二、夯实法

夯实法是利用夯锤自由下落的冲击力来夯实土壤，从而使土体孔隙被压缩，土粒排列得更加紧密。人工夯实是古代建筑地基常用的处理方法，所用的工具有木夯、石夯等，现代常用机械夯实，所用的工具有跳动冲击夯、蛙式打夯机和夯锤等。这类夯实机械体积小、重量轻，对土质适用性强，在工程量小或作业面受限的条件下尤其适用。

木夯

跳动冲击夯

蛙式打夯机

三、振动压实法

振动压实法是将振动压实机放在土层表面,在压实机振动作用下,土颗粒发生相对位移而达到紧密状态,主要适用于振实非黏性土。

随着压实机械的发展,其作用外力并不限于一种,而发展出可实现多种作用外力组合的新型压实机械。例如振动碾机能实现碾压与振动作用相组合,振动夯则为夯实与振动相组合。

振动碾机

振动夯

★强夯法是在夯实法的基础上发展起来的,其锤重8~30t,落距6~25m,·其强大的冲击能可使地基深层得到加固。

2.6.3 填土压实的影响因素

填土压实质量与许多因素有关，其中主要影响因素为：压实功、土的含水量以及每层铺土厚度。土的干密度是衡量压实效果的指标，干密度越大，压实效果越好。

核心知识：通过试验确定合理的压实参数。

一、压实功的影响

在开始压实时，土的干密度急剧增加，待到接近土的最大干密度时，压实功虽然增加许多，而土的干密度几乎没有变化。因此，在实际施工中，不要盲目过多地增加压实遍数。

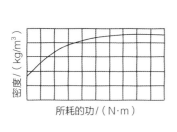

土的密度和压实功的关系

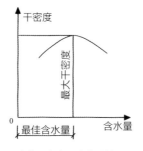

土的干密度和含水量关系

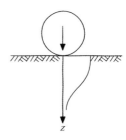

压实作用的影响深度

二、含水量的影响

含水量较小的土，土颗粒之间的摩阻力较大，不易压实；含水量较大的土，受压时土体易产生侧向位移，压实效果不好。当土具有适当含水量时，水起到润滑作用，土颗粒之间的摩阻力减小，从而易压实。

最佳含水量是指在同样进行压实的条件下，使填土压实时能获得最大干密度的含水量，可由击实试验取得。

施工现场最佳含水量判断标准："手握成团，落地开花"。

现场含水量过大时，可采用翻松、晾晒、掺入干土或石灰的方法；现场含水量过小时，可采用洒水湿润、增加压实功的方法。

土的种类	最佳含水量 /%	最大干密度 / (t/m³)	土的种类	最佳含水量 /%	最大干密度 / (t/m³)
砂土	8 ~ 12	1.80 ~ 1.88	粉质黏土	12 ~ 15	1.85 ~ 1.95
粉土	16 ~ 22	1.58 ~ 1.70	黏土	16 ~ 22	1.61 ~ 1.80

三、铺土厚度的影响

填土在压实功的作用下，其受力范围逐步扩大，而应力则随深度逐步减小，一旦其应力不足以使填土产生永久变形，就不能把土压实。

铺土过厚，下部压实效果不好，铺土过薄，将增加机械的总压实遍数。合理铺土厚度应小于机械压土的有效作用深度，同时应尽量减少压实遍数，还应考虑最优土层厚度。

下表是采用不同压实机械时，合理的每层铺土厚度与每层压实遍数。

压实机械	每层铺土厚度 /mm	每层压实遍数
平碾	250 ~ 300	6 ~ 8
羊足碾	200 ~ 350	8 ~ 16
振动压实碾	250 ~ 350	3 ~ 4
蛙式打夯机	200 ~ 250	3 ~ 4
人工打夯	< 200	3 ~ 4

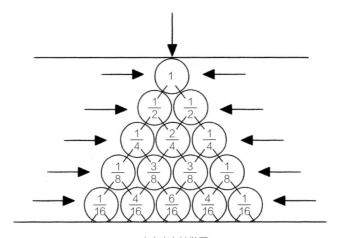

土中应力扩散图

2.6.4 填土压实质量控制

填土压实后，密实度应达到设计要求，以压实系数 λ_c 或控制干密度 ρ_d 为质量指标。土的控制干密度可用土的压实系数 λ_c 与土的最大干密度 ρ_{dmax} 之积来表示：

> 核心知识：通过试验验证压实效果。

$$\rho_d = \lambda_c \cdot \rho_{dmax}$$

压实系数一般由设计根据工程结构性质、使用要求以及土的性质确定。

结构类型	填土部位	压实系数 λ_c	控制含水量
砌体承重结构和框架结构	在地基主要受力层范围内	$\geqslant 0.97$	$w_{op} \pm 2\%$
	在地基主要受力层范围以下	$\geqslant 0.95$	
排架结构	在地基主要受力层范围内	$\geqslant 0.96$	
	在地基主要受力层范围以下	$\geqslant 0.94$	

注：w_{op} 为最优含水量，地坪垫层以下及基础底面标高以上的压实填土，压实系数不应小于0.94。

压实填土的最大干密度和最佳含水量，宜采用击实试验确定，当无试验资料时，最大干密度可按下式计算：

$$\rho_{d\,max} = \frac{\eta \rho_w d_s}{1 + 0.01 w_{op} d_s}$$

式中，ρ_{dmax} 为分层压实填土的最大干密度，当填料为碎石或卵石时，其最大干密度可取 $2.0 \sim 2.2t/m^3$；η 为经验系数，粉质黏土取0.96，粉土取0.97；ρ_w 为水的密度；d_s 为土粒相对密度（比重）；w_{op} 为填料的最优含水量。

如果土的实际干密度 $\rho_0 \geqslant \rho_d$，则压实合格；若 $\rho_0 < \rho_d$，则压实不够，应采取相应措施，提高压实质量。测量实际干密度，可以在施工现场用环刀取样，分层进行，每层不少于1组（平均每 $400 \sim 900m^2$ 1组，基坑回填及室内填土每 $100 \sim 500m^2$ 1组，基槽或管沟回填每 $20 \sim 50m^2$ 1组），试样送实验室测试。

★施工时，填一层，压一层，检查一层，上层验收通过后才能施工下一层。

3

地基与基础工程

3.1 地基与基础概述

地基与基础概述

一、地基与基础的概念

地基是受到建筑荷载作用影响范围内的部分岩土体。地基是地球的一部分，不是建筑物的组成部分。

基础是建筑物的墙或柱埋入地下的扩大部分，承担着建筑物上部荷载，并将其传至地基。基础是建筑物的组成部分，需要人工修建。

> 核心知识：场地工程地质条件决定了地基基础方案。

二、地基与基础的基本设计要求

（1）具有足够的强度、刚度和稳定性。

① 地基基础的强度表现为在受力时能抵抗上部荷载，不发生破坏。对地基，基底压力 p 应满足：$p = F/A \leqslant f_a$，其中 f_a 为地基承载力，与土层性质有关，F 为上部荷载，A 为基础面积；对基础，截面正应力 σ 应满足 $\sigma = F/A \leqslant [\sigma]$，$[\sigma]$ 为基础材料强度允许值。

地基与基础示意

② 地基基础的刚度表现为受力时的抗变形能力，包括沉降量、沉降差、倾斜、局部倾斜等均应小于规范允许值，即 $s \leqslant [s]$。

③ 地基基础在施工及运营期间，应满足各项稳定性的要求，包括抗滑移稳定性、抗倾覆稳定性、抗浮稳定性、抗渗透稳定性、抗隆起稳定性等。

（2）具有良好的耐久性能。基础材料在长期使用中保持稳定，能抵抗自然环境的侵蚀作用。

（3）具有较高的经济合理性。

三、浅基础、地基处理、深基础

自然界的岩土体是分层的，每层土具有不同的物理性质及力学性能。通过工程勘察可以获得各岩土层的参数，要选择满足设计要求的土层作为基础的持力层。基础埋深要考虑周边环境的影响，如地下水、冻胀深度等，且一般不低于0.5m。

当浅部土层的力学性能满足设计要求时，可直接采用浅基础，以浅部土层作为基础持力层。

工程勘察

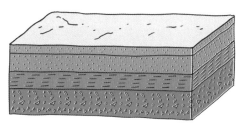

岩土分层

当浅部土层的力学性能不满足设计要求时，可采取以下方案：

（1）采用浅基础。由于地基承载力随着基础宽度和埋深增大而增加，适当加宽或加深基础可以增加地基承载力，但太宽和太深会增加基础的成本。当基础埋深大于5m时，施工成本增加太多，不经济，这时可采用浅基础，其埋深一般在5m之内。

（2）地基处理。通过换填、挤密、强夯等地基处理方法对浅部土层进行处理，提高浅部土层的力学性能，使之满足设计要求。

（3）采用桩基础。以力学性能满足要求的深部土层作为持力层，以桩基础连接上部结构与地基，一般需要用专门机械施工。

浅基础   地基处理   桩基础

在三种方案中，浅基础的成本主要体现在开挖的土方量和基础实体的成本；地基处理的成本主要体现在地基处理过程的施工成本；桩基础的成本主要体现在施工设备及桩身材料的成本。

三种方案要通过技术、经济指标的比较，选出最合适的方案。

3.2 浅基础

3.2.1 无筋扩展基础施工

可以通过在墙或柱子下设置水平截面向下扩大的基础，以增加底面积，使之能满足地基承载力和变形的要求，对应基础也称为扩展基础。

无筋扩展基础又称刚性基础，是由砖、毛石、灰土（三合土）、混凝土及毛石混凝土等刚性材料组成的墙下条形基础或柱下独立基础，基础内不放置钢筋。

核心知识：无筋扩展基础不能承受较大的拉应力和剪应力。

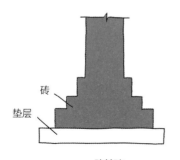

砖基础

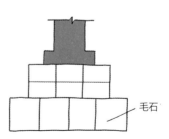

毛石基础

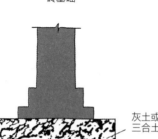

灰土（三合土）基础

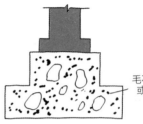

毛石混凝土基础

无筋扩展基础所用材料的抗拉强度很低，不能承受较大的弯曲应力和剪应力，只能应用于低层的民用建筑和轻型厂房。

一、灰土（三合土）基础

灰土基础是用熟石灰与黏性土拌和均匀，然后分层夯实而成。灰土的体积配合比一般用 2：8 或 3：7（石灰：土），其 28d 强度可达 1MPa。一般适用于地下水位较低，基槽经常处于较为干燥状态的基础。铺土应分层进行，每层虚铺厚度为 200～250mm，夯至 100～150mm 后再铺上一层，称为"一步灰土"，一般可铺 2～3 步，即厚度为 300mm 或 450mm。

三合土基础是由石灰、砂、碎砖（石）和水拌匀后分层铺设夯实而成。其体积配合比应按设计规定，一般为 1：2：4 或 1：3：6（石灰：砂：碎砖）。施工时先将石灰和砂用水在池内调成浓浆，将碎砖材料倒在拌板上加浆搅拌。虚铺厚度第一层为 220mm，以后每层 200mm，分别夯至 150mm，直到设计标高为止。三合土基础厚度不应小于 300mm。

二、砖基础

砖基础施工操作工艺如下。其施工要求与砌筑工程一致，详见本书第 5.1 节相关内容。

确定组砌方法 → 排砖撂底 → 制备砂浆 → 砌筑 → 抹防潮层

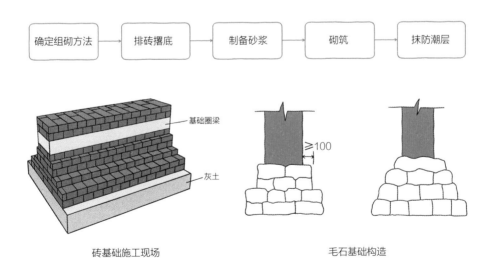

砖基础施工现场   毛石基础构造

三、毛石基础

毛石基础是用毛石与砂浆砌筑而成。毛石用平毛石和乱毛石,其强度等级不低于MU20。砂浆一般采用水泥砂浆或水泥混合砂浆。毛石基础的断面有阶梯形和梯形等形状。

毛石砌体应采用铺浆法砌筑。砂浆必须饱满,叠砌面的粘灰面积应大于80%;砌体的灰缝厚度宜为20~30mm,石块间不得有相互接触现象。毛石砌体宜分皮卧砌。毛石块之间的较大空隙,应先填塞砂浆然后再嵌碎石块。

毛石应上下错缝、内外搭砌。不得采用外面侧立毛石中间填心的砌筑方法,也不允许出现过桥石(仅在两端搭砌的石块)、铲口石(尖石倾斜向外的石块)和斧刃石(尖石向下的石块)。

毛石基础的扩大部分,做成阶梯形,上级阶梯压下级阶梯石块的1/2。

毛石基础必须设拉结石。砌筑毛石基础的第一皮石块应坐浆,并将石块的大面向下。同时,毛石基础的转角处、交接处应用较大的平毛石砌筑。砌筑毛石墙体的第一皮及转角处、交接处和洞口,应采用较大的平毛石。

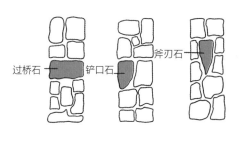

不得采用的毛石砌筑方法

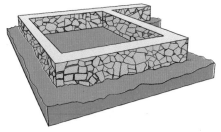

毛石基础施工现场

3.2.2 钢筋混凝土基础施工

钢筋混凝土材料的强度、刚度、耐久性、防水性能和抗冻性能都比较好，且能够承受较高的弯矩，是一种较好的建造基础的材料。

> 核心知识：地基与基础要充分接触，才能提供足够承载力。

一、钢筋混凝土基础分类

按基础与地基的接触面积大小，浅基础可分为扩展基础、条形基础、交叉基础、筏形基础等，筏形基础埋深较大时，把基础内部做成空心，就成为箱形基础。

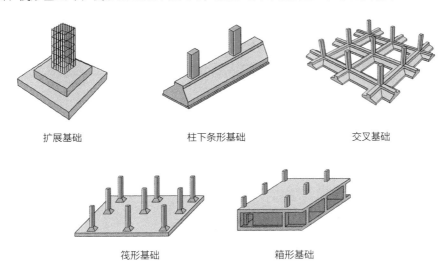

扩展基础　　　　　　柱下条形基础　　　　　　交叉基础

筏形基础　　　　　　箱形基础

二、钢筋混凝土基础施工工艺

钢筋混凝土基础的施工工艺如下：

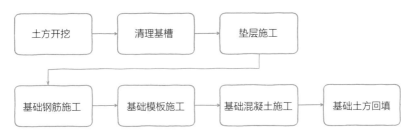

土方开挖 → 清理基槽 → 垫层施工

基础钢筋施工 → 基础模板施工 → 基础混凝土施工 → 基础土方回填

（1）土方开挖、清理基槽。根据基础埋深要求，开挖至设计标高位置，清理基槽土方，使之平整。

（2）垫层施工。垫层一般采用素混凝土，厚70~100mm，位于基础底部，其作用是使基础与地基充分接触以及创造更好的施工环境。

（3）基础钢筋施工。基础钢筋施工要考虑柱筋的连接，以及防雷接地构造措施。

（4）基础模板施工。考虑混凝土浇筑施工时的侧压力，需对模板加以固定，防止浇筑混凝土时模板发生位移。

（5）基础混凝土施工。包括混凝土的制备、运输、浇筑、振捣、养护等工作。

（6）基础回填。基础回填土方需充分压实，避免后期地面沉降。

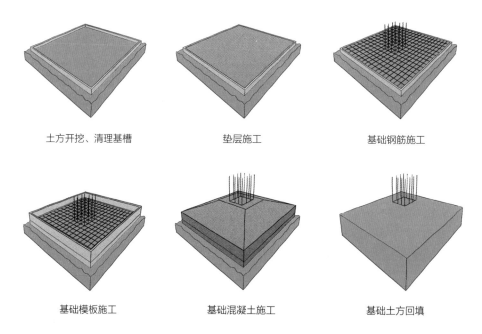

| 土方开挖、清理基槽 | 垫层施工 | 基础钢筋施工 |
| 基础模板施工 | 基础混凝土施工 | 基础土方回填 |

★对筏形基础和箱形基础，基础长度超过40m时宜留设后浇带，以减少温度应力的影响；底板较厚时，按大体积混凝土处理。

3.2.3 施工验槽

当基坑（槽）挖至基底设计标高后，施工单位必须会同勘察、设计、监理单位和业主共同验槽，以检查坑底土层是否与勘察、设计资料相符，合格后方能进行基础工程施工。

核心知识：通过施工验槽保证地基土质与设计一致。

一、验槽的内容

（1）检查基槽平面位置、尺寸和深度是否符合设计要求。

（2）观察土质及地下水情况是否和勘察报告相符。

（3）检查是否有旧建筑物基础、洞穴及人防工程等。

（4）检查基坑开挖对附近建筑物稳定是否有影响。

二、观察验槽

验槽的重点是柱基、墙角、承重墙下或其他受力较大的部位，一般采用观察法验槽。首先检查基坑（槽）的位置、断面尺寸、标高和边坡等是否符合设计要求。此外，还需对整个槽底土进行全面观察：土的颜色是否均匀一致；土的坚硬程度是否均匀一致，有无局部过软或过硬的情况；土的含水量情况，有无过干或过湿的情况；在槽底行走或夯拍，有无振颤现象或空穴声音等。

三、钎探验槽

钎探是用锤将钢钎打入坑（槽）底以下土层内的一定深度，根据锤击次数和入土难易程度来判断土的软硬情况及有无土洞、枯井、墓穴和软弱下卧土层。打钎时，要求用力一致，落距一致。每贯入30cm，记录一次锤击数。钎探后的孔要用砂填实。

四、局部地基处理

将局部软弱层或硬物尽可能挖除，回填与天然土压缩性相近的材料，分层夯实；处理后的地基应保证建筑物各部位沉降量一致，以减少地基的不均匀下沉。

3.3 地基处理

3.3.1 地基处理概述

上部土层不满足地基的要求时，可以采用地基处理方式提高地基的性能。

核心知识：地基处理后，仍使用浅基础。

一、地基处理的目的

地基处理的目的是采取各种地基处理方法以改善地基土的工程性质，使其满足工程建设的需要。这些措施主要从以下五个方面性能着手：

（1）提高地基的抗剪强度，增加其稳定性；

（2）降低地基土的压缩性，减少地基的沉降变形；

（3）改善地基土的渗透特性，减少地基渗漏或加强其渗透稳定性；

（4）改善地基土的动力特性，提高地基的抗震性能；

（5）改善特殊土地基的不良特性，满足工程设计要求。

二、地基处理的对象

地基处理的对象包括软弱地基及不良地基。软弱地基包括淤泥、淤泥质土、冲填土、杂填土等；不良地基包括湿陷性黄土、膨胀土、冻土、松砂、盐渍土等。不良地基在自然条件或使用条件下，会产生工程特性的变化，从而影响正常使用。

三、地基处理方案选用时的考虑因素

（1）选用方案应与工程的规模、特点和当地土的类别相适应；

（2）处理后土的加固深度；

（3）上部结构的要求；

（4）能使用的材料；

（5）能选用的机械设备，并掌握加固原理与技术；

（6）周围环境因素和邻近建筑的安全；

（7）施工工期应留有余地；

（8）专业技术施工队伍的素质；

（9）施工技术条件与经济技术比较，尽量节省材料与资金。

总的来说，应做到技术先进、经济合理、安全适用、确保质量、因地制宜、就地取材、保护环境、节约资源。

四、地基处理的原理

地基处理的原理是将土质由疏松变密实，使土的含水量由高变低，以达到地基加固的目的。

五、地基处理的方法

常见的地基处理的方法包括置换、排水固结、振密挤密、加筋、化学固化、热学处理等。

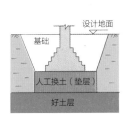

置换：是指"换"的方法，把不好的土层挖掉，换成好的土层

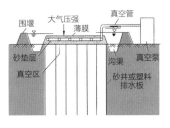

排水固结：是指"排"的方法，把土中的水排掉，使之发生固结（压缩），从而使土性变好

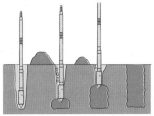

振密挤密：是指"密"的方法，使土体的密度增加，从而使土性变好

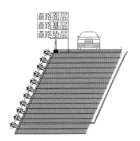

加筋：是指在土中加入钢筋、土工合成材料等，用以承受拉力，增加强度

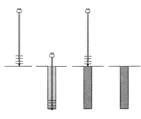

化学固化：是指加入浆液，使土体变硬或填充空隙，使土性变好

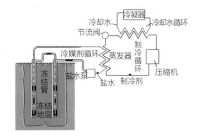

热学处理：是指用冻结的方法使土中的水变成冰，从而在施工期间使土质变好

★地基处理方案需进行技术、经济指标的对比，选择最合理方案；有必要时，通过试验确定施工参数。

3.3.2 换填垫层法

一、加固原理

换填垫层法是将地基中一定厚度的软弱土层挖除，分层填筑中粗砂或砂砾石、灰土、黏性土或其他性能稳定、无侵蚀性的材料，并分层压实或振（夯）实至要求的密实度。

> **核心知识**：把浅部性质不良的土层挖掉，换填成好的土层。

二、适用条件

适用于软弱土地基的承载力和变形满足不了建（构）筑物的要求，而软弱土层厚度又不大的情况。适用于淤泥、淤泥质土、湿陷性黄土、素填土、杂填土地基及暗沟、暗塘的浅层处理。处理深度一般控制在3m以内，也不宜小于0.5m。

三、换填材料

换填的材料主要有砂、碎石、高炉干渣和粉煤灰、土工合成材料等，应具有强度高、压缩性低、稳定性好和无侵蚀性等良好的工程特性。

四、施工方法

（1）挖：就是挖去表面的软土层，将基础埋置在承载力较大的基岩或坚硬的土层上。此种方法主要用于软土层不厚、上部结构荷载不大的情况。

（2）填：当软土层很厚，而又需要大面积进行加固处理，则可在原有的软土层上直接回填一定厚度的好土或砂石、矿石等。

（3）换：就是将挖与填相结合，即换填垫层法，施工时先将基础下一定范围内的软土挖去，而用人工填筑的垫层作为持力层。按其回填的材料不同，垫层可分为砂垫层、碎石垫层、素土垫层、灰土垫层等。

五、质量检验

以设计压实系数所对应的贯入度为标准检验垫层的施工质量。对粉质黏土、灰土、粉煤灰和砂石垫层的施工质量可用环刀法、贯入法、轻型动力触探或标准贯入试验检验；对砂石、矿渣垫层可用重型动力触探检验。并均应通过现场试验。

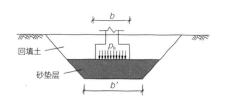

换填垫层示意图

b—基础宽度；b'—垫层底面宽度；p_k—基底压力

3.3.3 强夯法和强夯置换法

一、加固原理

强夯法属高能量夯击，它是用起重机械将大吨位夯锤（一般80～300kN）起吊到6～30m高度后，自由落下，给地基土以强大冲击能量的夯击，使土中出现冲击波和很大的冲击应力，迫使土层孔隙压缩，在夯击点周围产生裂隙，形成良好的排水通道，此时孔隙水和气体逸出，土粒重新排列，土体压密达到固结，从而使地基承载力提高，压缩性降低。强夯法是一种常用的深层地基处理方法。

> 核心知识：强夯法施工简便，处理深度大，但不宜用于城区。

强夯置换法是在强夯的同时，在夯坑中置入砂土或碎石，强行挤走软土。强夯置换可分为整式置换和桩式置换两类。

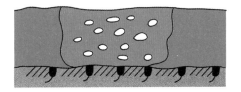

整式置换

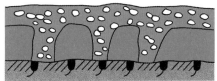

桩式置换

二、适用条件

强夯法适用于碎石土、砂土、低饱和度粉土、黏性土、湿陷性黄土、素填土、杂填土以及工业废渣、垃圾地基的处理。要注意，当强夯所产生的振动对周围建筑物、设备及其他设施有影响时，不得采用强夯法施工。必要时，应采取防振、隔振措施。强夯法对于软土地基处理效果不显著。

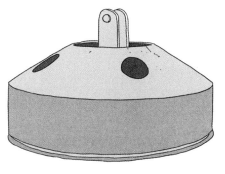

夯锤

三、施工机具

（1）起重设备。起重机是强夯施工的主要设备，施工时宜选用起重能力大于100kN的履带式起重机。

（2）夯锤。夯锤的形状有圆台形和方形；夯锤的材料是整个铸钢或在钢板壳内填筑混凝土；夯锤的质量在8~40t；夯锤的底面积取决于表面土层，对砂石、碎石、黄土，一般面积为2~4m²，黏性土一般为3~4m²，淤泥质土为4~6m²。

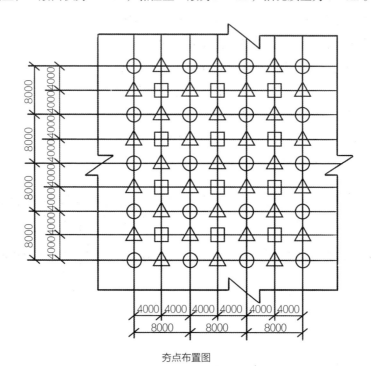

夯点布置图

○—第一遍夯点；△—第二遍夯点；□—第三遍夯点

（3）脱钩装置。用履带式起重机作强夯起重设备时，通过动滑轮组用脱钩装置起落夯锤。

四、施工步骤

（1）清理并平整施工场地；

（2）标出第一遍点位置，并测量场地高程；

（3）起重机就位，使夯锤对准夯点位置；

（4）测量夯前锤顶高程；

（5）将夯锤起吊到预定高度，待夯锤脱钩自由下落后，放下吊钩，测量锤顶高程，若发现因坑底倾斜而造成夯锤歪斜时，应及时将坑底整平；

（6）按设计规定的夯击次数及控制标准，完成一个夯点的夯击；重复步骤（3）～（6），完成第一遍全部夯点的夯击；

（7）用推土机将夯坑填平，并测量场地高程；

（8）在规定的时间间隔后，按上述步骤逐次完成全部夯击遍数，最后用低能量满夯，将场地表层松土夯实，并测量夯后场地高程。

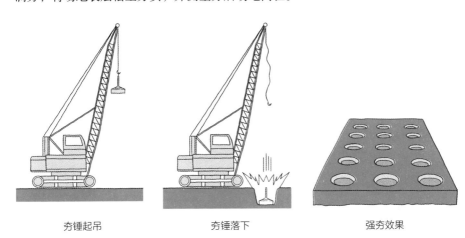

夯锤起吊　　　　　　　　　　夯锤落下　　　　　　　　　　强夯效果

五、施工要点

施工前应进行场地调查，查明施工范围内有无地下设施和各种地下管道等。

施工前应进行试夯，试夯面积不小于$10m \times 10m$，对试夯前后的变化情况进行对比，以确定正式夯击施工时的技术参数。

场地应做好排水工作，地下水位高时应采取降低水位措施，冬季施工要采取防冻措施。

夯点的布置应根据基础底面形状确定，施工时按由内向外、隔行跳打原则进行。夯实范围应大于基础边缘3m。

★强夯法高噪声、高振动，城区不宜使用。

3.3.4 挤密桩法

挤密桩法是以振动、冲击或带套管等方法成孔，然后向孔中填入砂、石、土（或灰土、水泥土）、石灰或其他材料，再加以振实而使之成为直径较大桩体的方法，其施工方法称为振冲法。根据孔中填入材料的不同，挤密桩分为碎石桩、砂桩、灰土桩、CFG（水泥、粉煤灰、碎石）桩等。

核心知识：挤密桩法同时起到挤密和置换的作用。

一、加固原理

挤密桩主要靠桩管打入地基时对地基土的横向挤密作用，在一定的挤密功能作用下土粒彼此移动，小颗粒填入大颗粒的孔隙，颗粒间彼此紧靠，孔隙减小，此时土的骨架作用随之增强，从而使土的压缩性减小、抗剪强度提高。

在黏性土中，振冲主要起置换作用，由填料形成的桩体与原黏性土构成复合地基的方法，称为振冲置换法。

在砂性土中，振冲主要起挤密、振密作用的方法，称振冲密实法。

二、适用条件

该法适用于处理砂土、粉土（特别是可液化的砂土、粉土）、杂填土、粉煤灰以及湿陷性土、粉质土、一般性黏土、不排水且抗剪强度大于20kPa的软黏土、粉质黏土、填土、碎石土、卵砾石等地基。

三、施工步骤

（1）移动桩机及导向架，把桩管及桩尖对准桩位；

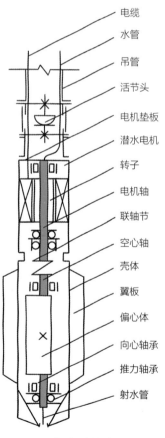

电缆
水管
吊管
活节头
电机垫板
潜水电机
转子
电机轴
联轴节
空心轴
壳体
翼板
偏心体
向心轴承
推力轴承
射水管

振冲器的构成

（2）启动振冲器，把桩管下沉到规定的深度；

（3）向桩管内投入规定数量的砂石料；

（4）把桩管提升一定的高度（下砂石顺利时提升高度不超过1~2m），提升时桩尖自动打开，桩管内的砂石料流入孔内；

（5）降落桩管，利用振动及桩尖的挤压作用使砂石密实；

（6）重复（4）、（5）工序，桩管上下运动，砂石料不断补充，砂石桩不断增高；

（7）桩管提至地面，砂石桩完成。

对于中粗砂地基，振冲器上提后由于孔壁极易坍落能自行填满下方的孔洞，可不必加填料，就地振密；对于粉细砂地基，必须加填料，填料可用粗砂、砾石、碎石、矿渣等材料，粒径一般控制在5~50mm。

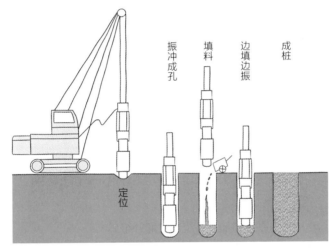

施工步骤

四、质量检验

振冲法施工结束后，除砂土地基外，应间隔一定时间方可进行质量检验。对粉质黏土地基间隔时间可取21~28d，对粉土地基可取14~21d。

挤密桩的施工质量可采用单桩载荷试验检验，对桩体可采用动力触探试验检测，对桩间土可采用标准贯入、静力触探、动力触探或其他原位测试等方法进行检测。

挤密桩地基竣工验收时，承载力检验应采用复合地基载荷试验。

3.3.5 排水固结法

一、加固原理

排水固结法是在建筑物建造前，对天然地基或已设置砂井等竖向排水体的地基加载预压，使土体固结沉降基本结束或完成大部分，从而提高地基土强度的一种地基加固方法。

> 核心知识：砂井距离越小，排水效果越好，施工速度越快。

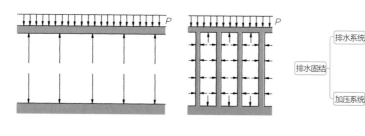

天然地基竖向排水　　　砂井地基竖向排水　　　排水固结系统

二、适用条件

排水固结法适用于淤泥质土、淤泥和冲填土等饱和黏性土地基。

三、系统组成

排水固结法由排水系统和加压系统两大部分组成。

排水系统由竖向排水体和水平向排水体构成。竖向排水体有普通砂井、袋装砂井和塑料排水带，水平排水体为砂垫层。

加压系统即是起固结作用的荷载，它使地基土因固结压力增加而产生固结。

工程上广泛使用且行之有效的增加固结压力的方法是堆载预压法，此外，还有真空预压法、降低地下水位法、电渗法等。

四、施工步骤

（1）堆载预压法。堆载预压法是指在建筑物建造前，在建筑场地临时堆填土石等，对地基进行加载预压，使地基沉降能够提前完成，并通过地基土固结提高地基承载力，然后卸去预压荷载，建造建筑物，以消除建筑物使用期间可能产生的有害

沉降和沉降差。堆载预压法处理深度一般达10m左右。

一般情况下预压荷载与建筑物荷载相等，但有时为了减少再次固结产生的影响，预压荷载也可大于建筑物荷载。

为了加速堆载预压地基固结速度，常与砂井法同时使用，称为砂井堆载预压法。有时，也在土中插入排水塑料带，代替砂井。由于塑料排水带可以采用专门用于向土中插入塑料排水带的插板机施工，施工速度很快，得到较多应用。

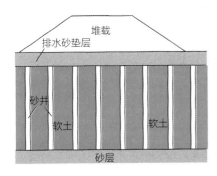

堆载预压法

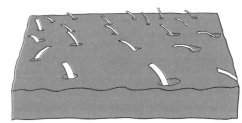

插入塑料排水带

（2）真空预压法。真空预压法是先在需加固的软土地基表面铺设一层透水砂垫层或砂砾层，再在其上覆盖一层不透气的塑料薄膜或橡胶布，四周密封好与大气隔绝，在砂垫层内埋设渗水管道，然后与真空泵连通进行抽气，使透水材料保持较高真空度，利用大气压力差，代替预压荷载，在土的孔隙水中产生负的孔隙水压力，将土中孔隙水和空气逐渐吸出，从而使土体固结。真空预压法处理深度为15m左右。

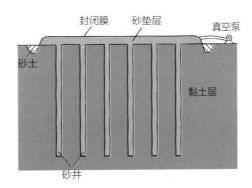

真空预压法

五、质量检验

在预压区内选择有代表性的地点预留孔位，对于堆载预压法在堆载不同阶段、对真空预压法在抽真空结束后，进行不同深度的十字板抗剪强度试验、静力触探和取土进行室内试验，其位置与数量与加固前相对应，以验算地基的抗滑稳定性，并检验地基的处理效果。

3.3.6 深层搅拌法

深层搅拌法是利用固化剂（水泥浆、水泥粉或石灰粉，外掺一定的添加剂），通过特制的深层搅拌机械，将加固深度内的软土和固化剂（浆体或粉体）强制拌和，利用固化剂和软土发生一系列物理、化学反应，使其凝结成具有较高强度、整体性和水稳定性都较好的水泥加固土，与周围天然土体共同形成复合地基。其按施工方法不同可分为水泥浆搅拌法（湿法）和粉体喷射搅拌法（干法）两种。

> 核心知识：深层搅拌法同时起到地基防渗和加固作用。

一、加固原理

水泥表面的矿物与软土中的水发生水解和水化反应，形成水泥石骨架，利用水泥的水解和水化反应，部分水化物与周围具有一定活性的黏土颗粒发生反应，形成较大的土团粒，起到加固土体的作用。

二、适用条件

深层搅拌法适用于处理淤泥、淤泥质土、粉土、饱和黄土、素填土、黏性土及无流动地下水的饱和松散砂土等地基。当地基土的天然含水量小于30%，或地下水的pH值小于4时不宜采用干法。

三、施工工艺

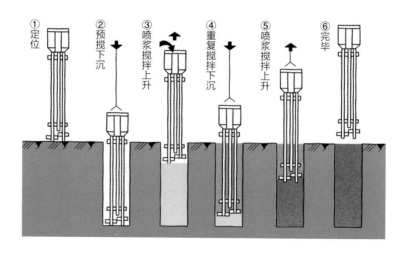

① 定位　② 预搅下沉　③ 喷浆搅拌上升　④ 重复搅拌下沉　⑤ 喷浆搅拌上升　⑥ 完毕

（1）搅拌机械就位、调平，施工中应保持搅拌机底盘的水平和导向架的竖直，搅拌桩的垂直度偏差不得超过1%，桩位的偏差不得大于50mm，成桩直径和桩长不得小于设计值。

（2）预搅下沉至设计加固深度。

（3）边喷浆（粉）、边搅拌提升直至预定的停浆（灰）面。

（4）重复搅拌下沉至设计加固深度。

（5）根据设计要求，喷浆（粉）或仅搅拌提升直至预定的停浆（灰）面。

（6）关闭搅拌机械。

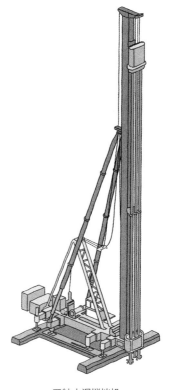

三轴水泥搅拌机

四、质量检验

（1）检查重点：水泥用量、桩长、搅拌头转数和提升速度、复搅次数和复搅深度、停浆处理方法等。

（2）检查数量：成桩后3d内，可用轻型动力触探（N10）检查每米桩身的均匀性，检验数量为总桩数的1%，且不少于3根。

成桩7d后，采用浅部开挖桩头［深度宜超过停浆（灰）面以下0.5m］，目测检查搅拌的均匀性，量测成桩直径。检查量为总桩数的5%。

（3）验收方法：竖向承载水泥土搅拌桩地基竣工验收时，承载力检验应采用复合地基载荷试验和单桩载荷试验。载荷试验必须在桩身强度满足试验荷载条件时，并宜在成桩28d后进行。检验数量为桩总数的0.5%～1%，且每项单体工程不应少于3点。

★在搅拌桩中插入型钢时，桩身承载力大大增加，此种施工方法称为SMW工法。

3.4 预制桩施工

3.4.1 桩基础概述

桩基础又称桩基，是一种深基础，由延伸到岩土层深部的基桩和联结桩顶的承台组成，承台之间一般用承台梁相互连接。

> **核心知识：**桩基础承载能力高，在工程中广泛使用。

基桩是指群桩基础中的单桩，其作用是穿过软弱的压缩性土层，使桩底坐落在更密实的地基持力层上；承台是指桩与柱或墩联系部分，其作用是将外力传递给各桩并将各桩联结成一个整体，共同承受外部荷载。

一、桩基础的优点与缺点

桩基础优点：桩基础作为深基础，具有承载力高、稳定性好、沉降量小而均匀、沉降速率低而收敛快等特性。

桩基础缺点：桩基础工程造价较高；桩基础的施工比一般浅基础复杂；以打入等方式沉桩存在振动及噪声等环境问题；泥浆护壁钻孔灌注桩对场地环境卫生带来影响。

二、桩的分类

（1）按桩的使用性能分为竖向受压桩、竖向抗拔桩、水平受荷桩和复合受荷桩。

（2）按桩的竖向承载性状分为摩擦桩和端承桩。桩所承受的轴向荷载是通过作用于桩周土层的桩侧摩阻力和桩端地层的桩端阻力来支承的，桩的类别与地质条件密切相关。如果桩身位于深厚软土层中，桩端不能提供较大的支承力，桩以承受桩侧摩擦力为主，则

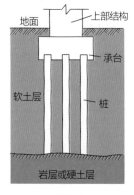

端承桩

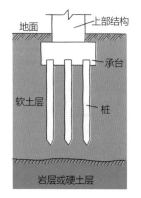

摩擦桩

为摩擦桩。此时，增加桩端截面积并不能使单桩承载力大幅增加，故一般设计为细而长的多根桩。如果桩底位于坚硬岩土层上，桩端支承力远大于桩侧摩擦力，则为端承桩。此时，增加桩端截面积可使桩端承载力大幅增加，故常用扩大桩径或扩大桩头的方法增加承载力。

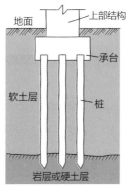

低承台桩基础

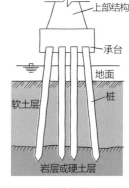

高承台桩基础

（3）按承台与地面的相对位置分为低承台桩和高承台桩。低承台桩承台在地面以下，承台本身承受部分荷载；而高承台桩承台在地面以上，多用于涉水建筑。

（4）按桩的制作工艺分为预制桩和灌注桩。预制桩提前在工厂生产，其施工主要与沉桩有关；灌注桩在施工现场生产，桩的制作是重要的施工工序。

（5）按成桩时的挤土效应分为挤土桩、部分挤土桩和非挤土桩。预制桩的挤土效应有可能对周边既有管线和建筑造成影响，需要采取措施处理。

（6）按桩的直径大小分为小直径桩（$d \leqslant 250\text{mm}$）、中等直径桩（$250\text{mm} < d < 800\text{mm}$）、大直径桩（$d \geqslant 800\text{mm}$）。

（7）按桩身材料分为预应力混凝土桩、钢管桩、木桩等。

预应力混凝土桩

钢管桩

木桩

★桩的施工需要用到专门的施工机械。

3.4.2 预制桩生产

钢筋混凝土预制桩制作方便、承载力较大、桩身质量易于控制、施工速度快、不受地下水位的影响。

核心知识：预制桩工厂化生产效率高、质量可靠。

先张法预应力管桩是采用先张法预应力工艺和离心成型法制成的空心筒体混凝土预制构件，主要由圆筒形桩身、端头板和钢套箍等组成，外径多为300～500mm，每节长度8～12m。预应力混凝土管桩代号为PC桩，强度等级不低于C60；预应力高强混凝土管桩代号为PHC桩，强度等级不低于C80；薄壁管桩代号为PTC桩。

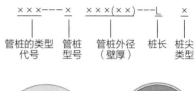

一、管桩的编号

管桩的编号原则如上图，例如：PHC管桩，AB型，外径为600mm，壁厚为110mm，桩长30m，开口型桩尖，编号应为：PHC-AB600（110）-30b。其中桩尖分为a型十字型桩尖和b型开口型桩尖。

十字型桩尖

开口型桩尖

二、预制桩生产工艺

预制桩的生产工艺如下：

PC桩一般采用常压蒸汽养护，脱模后移入水池再泡水养护，一般要经28d才能使用。PHC桩，一般在成型脱模后，送入高压釜经10atm（1atm=101325Pa）、180℃左右高温高压蒸汽养护，从成型到使用的最短时间为3～4d。

3.4.3 预制桩起吊、运输和堆放

钢筋混凝土预制桩应在混凝土强度达到设计强度标准值的75%方可起吊，达到100%方能运输和打桩。如需提前起吊，必须作强度和抗裂度验算，并采取必要的防护措施。起吊时，吊点位置应符合设计规定，

> **核心知识：**桩一般按受压设计，运输和起吊时要按受弯验算。

如设计未作规定时，应符合起吊弯矩最小的原则。起吊时应平稳提升，吊点同时离地，防止撞击和受振动，保证桩不受损坏。捆绑时吊索之间应加衬垫，以免损坏棱角。

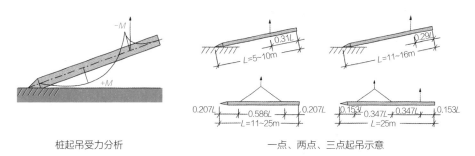

桩起吊受力分析　　　　　　　　一点、两点、三点起吊示意

桩的运输应根据打桩进度和打桩顺序确定，一般情况采用随打随运的方法以减少二次搬运。长桩运输可采用平板拖车、平台挂车等，短桩运输可采用载重汽车，现场运距较近亦可采用轻轨平板车运输。预制桩的长度应与运输车辆的长度以及道路的转弯半径相协调，预制桩须固定良好，运输车辆不得超载。

桩堆放时场地应平整、坚实、排水良好。桩应按规格、桩号分层叠置，并尽量堆放在施工点附近以减少二次运输。支撑点应设在吊点或近旁处，上下垫木应在同一直线上，并支撑平稳；堆放层数不宜超过4层。

3.4.4 打桩机具

打桩是指利用桩锤下落产生的冲击能量将桩沉入土中，需要用到打桩机具。

> **核心知识**：根据地质条件选择合理的打桩机具。

一、桩锤

桩锤是对桩施加冲击力，将桩打入土中的主要机具。

（1）落锤：锤重0.5～2.0t；构造简单，使用方便，但锤击速度慢，贯入能力低，效率不高且对桩的损伤较大。

（2）气锤：利用蒸汽或压缩空气为动力进行锤击，分为单动气锤和双动气锤。单动气锤利用压力举锤，自由下落；双动气锤利用压力将锤上举和下冲。气锤的效率较高。

（3）柴油锤：构造简单，使用方便，适用于中型桩，不适用于过软过硬土，但施工时大气污染较重、噪声大。

（4）液压锤：低噪声、无污染，贯入度大，但构造复杂，价格较高。在施工中，宜采用"重锤低击"，这样桩锤不易产生回跃，不致损坏桩头，且桩易打入土中，效率高。

打桩机

二、桩架

利用桩架可将桩吊到打桩位置，并在打桩过程中引导桩的方向不致发生偏移，保证桩锤能沿要求方向冲击。

（1）滚筒式桩架：移动方便，稳定性好，适应性强。

（2）多功能桩架：机动性和适应性好；大而装拆运麻烦。

（3）履带式桩架：移动方便，适用范围广。

三、动力装置

落锤以电源为动力，再配置电动卷扬机、变压器、电缆等。蒸汽锤以高压蒸汽为动力，配以蒸汽锅炉、蒸汽绞盘等；空气锤以压缩空气为动力，配有空气压缩机、内燃机等；柴油锤的桩锤本身有燃烧室，不需要外部动力。

3.4.5 管桩施工准备

锤击管桩施工速度快，机械化程度高，适用性广，贯入度大，可达到较高的承载力；但有噪声、振动、挤土等公害，不宜在学校、居民区等城镇人口密集地区施工。

核心知识：施工准备时要确定打桩施工参数，随后确定打桩顺序。

一、施工准备

（1）清除高空及地下障碍物，平整、压实场地；设置排水沟和防震沟；设置供水、供电系统。

（2）定位放线，设置水准点。

（3）机具准备，设备进场及调试。

（4）打试验桩，确定打桩施工参数，检验工艺、设备是否符合要求。

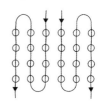

由中间向两侧施打

二、确定打桩顺序

由于预制桩的挤土效应，一方面先打入的桩会受到后打入的桩的推挤而发生水平位移或上拔；另一方面由于土被挤紧，后打入的桩不易达到设计深度或容易造成土体隆起。因此，需合理确定打桩顺序。

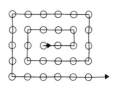

由中部向四周施打

确定打桩顺序应遵循以下原则：

（1）桩基的设计标高不同时，打桩顺序宜先深后浅。

（2）不同规格的桩，宜先大后小，先长后短。

（3）当一侧毗邻建筑物时，由毗邻建筑物处向另一方向施打。

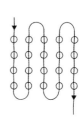

连续施打

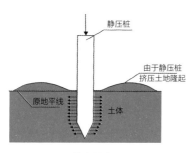

挤土效应

（4）在桩中心距大于或等于4倍桩径时，则与打桩顺序无关，只需从提高效率出发确定打桩顺序，选择倒行和拐弯次数最少的顺序。

（5）在桩中心距小于4倍桩径时，应由中间向两侧对称施打或由中间向四周施打，桩数较多时，也可分区段施打。

3.4.6 锤击管桩施工

一、锤击管桩施工程序

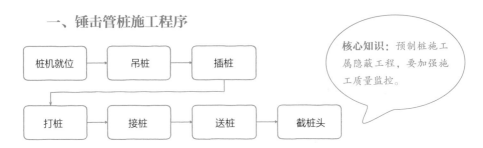

核心知识：预制桩施工属隐蔽工程，要加强施工质量监控。

（1）桩机就位。打桩机就位时，应对准桩位，保证垂直稳定，在施工中不发生倾斜、移动。

（2）吊桩。打桩机就位后，将桩锤和桩帽吊起来，然后吊桩并送至导杆内，垂直对准桩位缓缓送下，插入土中，垂直度偏差不大于0.5%。

（3）插桩。桩就位后，在桩顶安上桩帽，然后放下桩锤轻轻压住桩帽。桩锤、桩帽和桩身中心线应在同一垂直线上。在桩锤和桩帽之间应加弹性衬垫，桩帽与桩顶周围应有5～10mm的间隙，以防损伤桩顶。在桩的自重和锤重的压力下，桩便会沉入一定深度。等桩下沉达到稳定状态后，再一次复查其平面位置和垂直度。

（4）打桩。桩锤连续施打，使桩均匀下沉，宜"重锤低击"。施工时，注意贯入度变化，做好打桩记录。

（5）接桩。设计桩长较大时，由于打桩机高度有限或预制、运输等因素，只能采用分段预制、分段打入的方法，需在桩打入过程中将桩接长。接长一般采用焊接法，在距离地面1m左右进行。接桩时，必须在上下节桩对准并垂直无误后，用点焊将拼接角钢连接固定，再次检查位置正确后，才进行焊接。采用对角对称施焊，以防止节点不均匀焊接变形引起桩身歪斜，焊缝要连续饱满。在焊接后应使焊缝在自然条件下冷却10min后方可继续沉桩。

（6）送桩。如桩顶标高低于自然土面，则需用送桩管将桩送入土中。桩与送桩管的纵轴线应在同一直线上，拔出送桩管后，桩孔应及时回填或加盖。

（7）截桩头。当桩顶露出地面并影响后续桩施工时，应立即进行截桩头，而桩顶在地面以下不影响后续桩施工时，可结合凿桩头进行。预制管桩可用人工或风动

工具（如风镐等）来截除。不得把桩身混凝土打裂，并保留桩身主筋伸入承台内的锚固长度。

二、终桩标准

（1）对于摩擦桩，应以控制桩端标高为主，贯入度为辅。

（2）对于端承桩，应以控制贯入度为主，桩端标高为辅。

（3）贯入度已达设计要求而桩端标高未达到时，应继续锤击3阵，

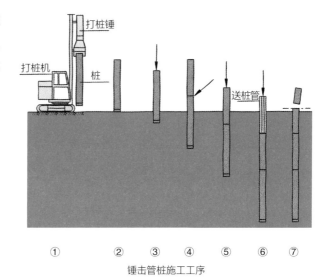

锤击管桩施工工序
①吊桩；②插桩；③锤击打桩；④电焊接桩；⑤再锤击，再接桩，再锤击；
⑥当桩顶标高低于自然土面，用送桩管将桩送入土中；
⑦当桩顶露出地面并影响后续桩施工时，进行截桩头

每阵10击，并按贯入度不应大于设计规定的数值确认。必要时，施工控制贯入度应通过试验确定。

三、质量控制

质量控制标准如下：

（1）贯入度与沉桩标高是否符合设计要求。

（2）桩打入后的偏差是否在允许范围之内。

（3）桩顶、桩身是否被打坏。

预制桩桩位的允许偏差如下表所示：

序号	项目		允许偏差 /mm
1	盖有基础梁的桩	垂直于基础梁中心线	$100+0.01H$
		沿基础梁中心线	$150+0.01H$
2	桩数为 1～3 根桩基中的桩		100
3	桩数为 4～16 根桩基中的桩		1/3 桩径或边长
4	桩数大于 16 根桩基中的桩	最外边的桩	1/3 桩径或边长
		中间桩	1/2 桩径或边长

注：H 为施工现场地面标高与桩顶标高的距离。

四、常见质量问题与处理

常见质量问题	产生原因	防止措施及处理方法
桩头击碎	桩头混凝土强度低	提高混凝土强度
	桩顶凹凸不平	调整桩垫，楔平桩头
	锤与桩不垂直	纠正偏心，调整垂直度
	落锤过高，锤击过久	选择重锤低击
桩身破裂	桩有弯曲	检查成桩外观质量
	挤土影响	确定打桩顺序
桩不下沉	有坚硬土夹层	钻孔机钻透后再打入
	打桩间歇时间过长，摩阻力增大	连续击打
	桩锤过小	合理选择锤重
接桩松脱	焊接不牢	检查焊缝质量，重新焊接
	硫黄胶泥配合比不当	严格按配合比配制

五、打桩公害影响及预防措施

（1）噪声影响：打桩过程中桩锤本身和锤击桩时会发出强烈刺耳的声音，应尽量避开夜间施工和在居民密集区施工，在桩顶、桩帽上加垫缓冲材料减小噪声。

（2）振动影响：锤击沉桩时会产生振动波，会对邻近桩区的建筑物、地下结构和管线带来危害。可采用开挖防振沟（沟宽 0.5～0.8m，沟深按土质情况以边坡能自立为准）；打设钢板桩；采用"重锤轻击"方式打桩等措施。

（3）土体挤压影响：锤击沉桩的冲击力使桩周围的地面隆起并产生水平位移，使土中孔隙水压力上升。可采用预钻孔沉桩法（孔径约比桩径小 50～100mm，孔深宜为桩深的 1/3～1/2）处理；也可设置袋装砂井或塑料排水板，以消除部分超孔隙水压力，减少挤土现象；或者限制打桩速率，也可以使土中的超孔隙水压力消散，减少挤土现象。

（4）空气污染影响：限制使用柴油锤施工。

★桩径越大，贯入阻力越大，就越难入入，故预制管桩的桩径一般不超过 600mm。

3.4.7 其他沉桩方法

一、静力压桩

静力压桩是利用压桩机静压力（自重和配重）将预制桩压入土中的一种沉桩工艺。

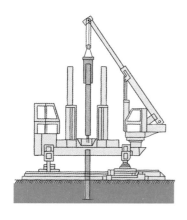

静力压桩虽然还存在挤土问题，但其施工过程无振动、无噪声，对周围环境影响小，适合于居民区等城镇人口密集地区施工，也适用于软土地区的桩基施工。

静力压桩的施工程序为：测量定位→压桩机就位→吊桩、插桩→桩身对中调直→静压沉桩→接桩→再静压沉桩→送桩→终止压桩→截桩。

二、振动沉桩

振动沉桩的原理是：借助固定于桩头上的振动沉桩机所产生的振动力，以减少桩与土颗粒之间摩擦力，使桩在自重与机械力的作用下沉入土中。振动沉桩在砂土中效率较高。

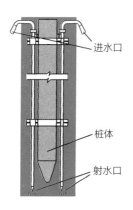

进水口

桩体

射水口

三、水冲沉桩

在桩身旁侧安置几根与桩平行的射水管，下设喷嘴，管内通入高压水。在高压水流作用下，桩尖下土层被冲刷松软，减小桩身下沉的阻力，使桩在自重及桩锤作用下很快沉入土中。水冲沉桩适用于砂质土或松软的砾石土。

3.5 灌注桩施工

3.5.1 灌注桩概述

灌注桩是直接在桩位上就地成孔，然后在孔内放置钢筋笼、灌注混凝土而形成的桩基础。

> **核心知识**：灌注桩的难点是成孔过程的基坑支护问题。

一、灌注桩的优点和缺点

灌注桩的优点是不受地层变化限制，不需要接桩，桩长、桩径不受限制、施工噪声小、振动小、挤土影响小。

灌注桩的缺点是成桩工艺复杂，施工速度较慢，质量影响因素较多。

二、灌注桩的分类

灌注桩的核心施工程序是：成孔、下钢筋笼、浇混凝土。其中成孔是难点。灌注桩成孔过程需开挖土方，成孔后存在基坑稳定问题，采用传统土方施工的支护方法存在较大的缺陷。例如：放坡会使混凝土浇筑成本大幅增加，内支撑使钢筋笼无法下放，土钉、锚杆等缺乏必要工作面，地面加固性价比太低。因此，灌注桩成孔时，应根据土层性质的不同，因地制宜采取不同的支护方案，形成不同的灌注桩类别。

常见的灌注桩如下：

干作业螺旋钻孔灌注桩	泥浆护壁钻孔灌注桩	
适用于无水且土质好的土层，钻机快速钻进，在土方坍塌前，完成混凝土浇筑，用混凝土自重抵抗土压力	适用于水位较高的土层，在孔内加入高密度泥浆且保持较高水位，利用泥浆压力抵抗水压力和土压力，保持土体稳定	

沉管灌注桩	人工挖孔桩	爆扩成孔灌注桩、夯扩成孔灌注桩
适用于水位较高、土质较差的土层，利用钢套管沉入土中作为支护结构，在钢套管内下钢筋笼及浇筑混凝土，浇筑混凝土后起拔钢套管	适用于无水且土质好的土层，每开挖一段就支护一段，使无支护施工的深度始终小于1m，从而保证作业安全	适用于无地下水，土质好的黏土，先预钻小直径孔，再利用爆破、孔内夯击等方法挤密坑壁，提高坑壁的稳定性

3.5.2 干作业钻孔灌注桩

一、适用条件

干作业钻孔灌注桩适用于地下水位以上的黏性土、粉土、填土、中等密实以上的砂土、风化岩层。不宜用于地下水位以下的上述各类土层及碎石土、淤泥土。

核心知识：清孔质量是灌注桩承载力的关键。

二、施工机械

干作业钻孔灌注桩成孔常采用的螺旋钻机有长螺旋钻机和短螺旋钻机两种。长螺旋钻机钻杆长10m以上，直径ϕ400~600mm，一般一次成孔；短螺旋钻机钻杆长3~5m，直径ϕ300~400mm，一般分段成孔。

三、施工工艺

干作业钻孔灌注桩施工工艺包括：钻孔取土，清孔，吊放钢筋笼，浇筑混凝土。

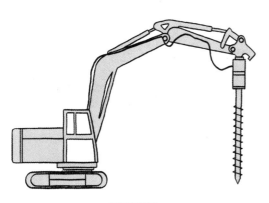

短螺旋钻机

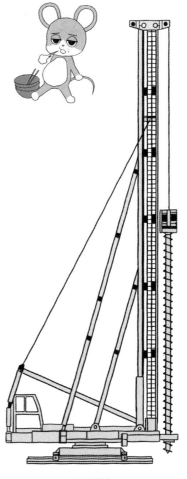

长螺旋钻机

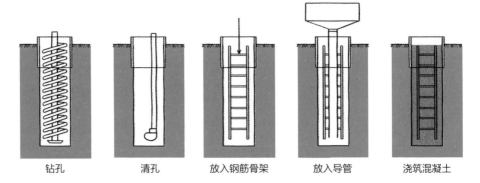

| 钻孔 | 清孔 | 放入钢筋骨架 | 放入导管 | 浇筑混凝土 |

（1）钻孔取土。在施工准备工作完成后，按确定的成孔顺序，桩机就位。螺旋钻机通过动力旋转钻杆，使钻头的螺旋叶片旋转削土，土块沿螺旋叶片提升排出孔外，再通过运土车辆运走。钻孔时，垂直度的误差不大于1%。

（2）清孔。当钻孔到设计深度后，必须将孔底虚土清理干净。钻机在设计深度处空转清土，然后停止转动，提起钻杆卸土。应注意：空转清土时不得加深钻孔；提钻时不得回转钻杆。清孔后可用重锤或沉渣仪测定孔底虚土厚度，检查清孔质量。

（3）吊放钢筋笼。在施工现场按图纸要求制作钢筋笼，清孔后马上吊放钢筋笼。吊放时要缓慢并保持竖直，防止放偏和刮土下落，放到预定深度时将钢筋笼上端妥善固定。在钢筋笼安放好后，应再次测定孔底虚土厚度，要求端承桩≤50mm，摩擦桩≤150mm。

（4）浇筑混凝土。浇筑混凝土宜用混凝土泵车，混凝土坍落度一般为80～100mm，强度等级不小于C15，浇筑混凝土时应随浇随振，每次浇筑高度应小于1.5m。

吊放钢筋笼

3.5.3 泥浆护壁钻孔灌注桩

一、泥浆护壁原理

灌注桩成孔过程中，土方开挖深度为 h 时，桩外侧形成线性分布的土压力 $e_a = \gamma' h k_a$ 及线性分布的水压力 $p_w = \gamma_w h_w$（γ' 为土的有效重度，k_a 为主动土压力系数，γ_w 为水的重度，h_w 为水位高度），在指向桩内侧的水土压力共同作用下，易造成坑壁坍塌。

在桩孔内倒入泥浆时，指向桩外侧的线性分布的泥浆压力 $p_泥 = \gamma_泥 h_泥$。若泥浆压力大于或等于土压力和水压力的和，则能保持坑壁的稳定性；若泥浆压力偏小时，可以增加泥浆的重度 $\gamma_泥$，或增加护筒高度从而增加泥浆的深度 $h_泥$，以满足稳定性要求。

泥浆护壁成本低廉、施工简单、适用性强，是最常用的灌注桩施工方法。

> 核心知识：泥浆护壁钻孔灌注桩力学性能可靠，成本低廉，是应用最广的灌注桩。

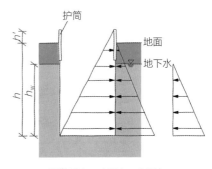

泥浆压力≥土压力＋水压力
$$\gamma_泥 (h+h') \geqslant \gamma' h k_a + \gamma_w h_w$$

二、适用条件

泥浆护壁成孔灌注桩适用于黏性土、粉土、砂土、填土、碎（砾）石土及风化岩层，以及地质情况复杂、夹层多、风化不均、软硬变化较大的岩层，还能穿透旧基础、大孤石等障碍物，但在岩溶发育地区慎重使用。

三、施工工艺

泥浆护壁灌注桩的施工工艺如下：

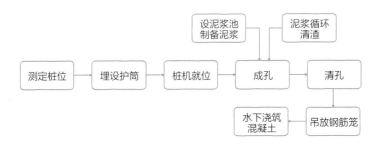

（1）埋设护筒。护筒高为2~4m，上部设1~2个溢浆孔，是用厚4~8mm钢板制成的圆筒，其内径应大于钻头直径200mm，一般高于地面不低于300mm。

护筒的作用包括：固定桩孔位置，保护孔口，防止地面水流入，增加孔内水压力，防止塌孔，成孔时引导钻头的方向等。

埋设护筒

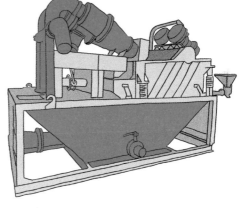
泥浆处理机

（2）制备泥浆。在黏土中钻孔时，可利用钻削下来的土与注入的清水混合成适合护壁的泥浆，称为自造泥浆；在砂土中钻孔时，应注入高黏性土（膨润土）和水拌和成的泥浆，称为制备泥浆。为保证泥浆达到一定的性能，还可加入加重剂、分散剂、增黏剂及堵漏剂等掺合剂。泥浆的性能指标如相对密度、黏度、含砂量、pH值、稳定性等要符合规定的要求。泥浆的作用包括：护壁，携砂排土，切土润滑，冷却钻头等。

（3）成孔。成孔方法分为钻孔法、冲孔法和抓孔法。

① 钻孔法。钻孔法适用于黏性土、淤泥及淤泥质土及砂土，也可钻入岩层，尤其适用于在地下水位较高的土层中成孔。钻孔法采用回转钻机或潜水钻机钻孔，注入泥浆后通过正循环或反循环排渣法将孔内切削土粒、石渣排至孔外。

正循环由空心钻杆内部通入泥浆或高压水，从钻杆底部喷出，携带钻下的土渣沿孔壁向上流动，由孔口将土渣带出流入泥浆池。正循环泥浆返流速度慢，携带土渣直径小，排渣能力差，适用于孔深不超过40m的桩。

反循环通过空心钻杆内部吸入孔内带渣泥浆排至泥浆池，在泥浆沉淀过滤后上部泥浆流入孔中形成泥浆循环。反循环泥浆返流速度快,携带土渣直径大,排渣能力强,适用于孔深大于40m的桩及大直径桩。

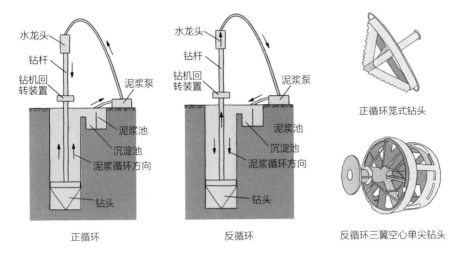

正循环　　　　　反循环　　　　反循环三翼空心单尖钻头

② 冲孔法。冲孔法适于粉质黏土、砂卵石层、坚实土层、岩层等。冲孔又称冲击钻成孔,采用冲击钻机,把带钻刃的冲锤提高,靠自由下落的冲击力来破碎岩层或冲挤土层,排出碎渣成孔。

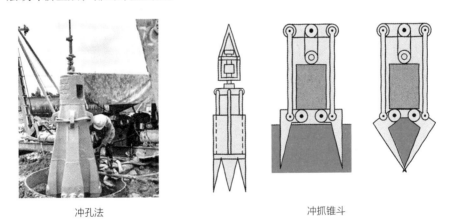

冲孔法　　　　　　　　　冲抓锥斗

③ 抓孔法。抓孔法适用于较松散黏土、粉质黏土、砂卵石层及软质土层。抓孔又称冲抓锥成孔,采用冲抓锥斗,张开抓瓣冲入土石中,然后收紧锥瓣绳,抓瓣便将土抓入锥中,提升冲抓锥出桩孔,松绳开瓣将土卸掉。

(4)清孔。当孔深达到设计要求后,即应进行验孔和清孔,清除孔底沉渣、淤泥,以减少桩基础的沉降量及增加桩端承载力。清孔方法可以采用正循环法、泵吸反循环法、气举反循环法和掏渣筒法。

清孔分两次进行，在钻孔深度达到设计要求时，对孔深、孔径、孔的垂直度等进行检查，符合要求后进行第一次清孔。钢筋骨架、导管安放完毕，混凝土浇筑之前，进行第二次清孔。

孔底沉渣厚度指标应符合下列规定：端承桩≤50mm；摩擦端承桩、端承摩擦桩≤100mm；摩擦桩≤300mm。若不能满足上述要求，应继续清孔，不应采取加深钻孔深度的方法代替清孔。

（5）吊放钢筋笼。施工要求同干作业成孔灌注桩一致。钢筋笼长度较大时可分段制作，两段之间采用焊接连接。

（6）水下浇筑混凝土。直接浇筑混凝土时，混凝土会与泥浆充分混合，严重影响混凝土质量，故一般采用导管法浇筑。导管法是将密封连接的钢管作为水下混凝土的灌注通道，同时隔离泥浆，使其不与混凝土接触。浇筑时，先将导管内及漏斗灌满混凝土，其量保证导管下端一次埋入混凝土面以下0.8m以上。然后剪断悬吊隔水栓的钢丝，混凝土拌合物在自重作用下迅速排出球塞进入水中，从下往上挤出泥浆。在浇筑过程中，导管始终埋在灌入的混凝土拌合物内，导管内的混凝土在一定的落差压力作用下，压挤下部管口的混凝土在已浇的混凝土层内部流动、扩散，以完成混凝土的浇筑工作，形成连续密实的混凝土桩身。浇筑完的桩身混凝土应超过桩顶设计标高0.5m，保证在凿除表面浮浆层后，桩顶标高和桩顶的混凝土质量能满足设计要求。

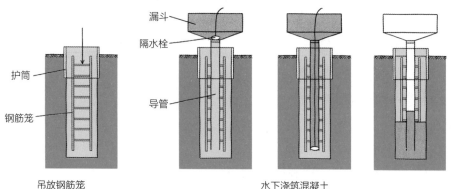

吊放钢筋笼　　　　　　　　水下浇筑混凝土

3.5.4 沉管灌注桩

沉管灌注桩也称套管成孔灌注桩，是在钢套管顶部加上活瓣桩尖或混凝土桩靴，用锤击或振动的方法直接成孔，然后在孔内放入钢筋笼，再灌入混凝土的施工方法。

一、适用条件

适用于地下水位高、地质条件差的可塑、软塑、流塑黏土，淤泥及淤泥质土，稍密和松散的砂土。

二、优点和缺点

（1）优点：成桩速度快，施工时挤土效应能增加桩侧土体承载力，能在土质很差，地下水位很高时施工。

（2）缺点：后期施工桩对前期桩有挤压，易造成质量事故；单桩承载能力低，在软土中易产生颈缩，且有振动和噪声。现已较少采用该法施工。

三、施工工艺

桩靴、钢管就位→沉管→初灌混凝土封底→放入钢筋笼→浇灌混凝土、提管。

四、施工要点

（1）防止钢套管内进入泥浆、水；灌满混凝土后再随拔管、随灌，并轻打或振动；防止缩径、断桩及出现吊脚桩的情况。

（2）为了提高桩的质量和承载能力，沉管灌注桩常采用单打法、复打法、反插法等施工工艺。

核心知识：沉管灌注桩成桩质量不佳，已较少使用。

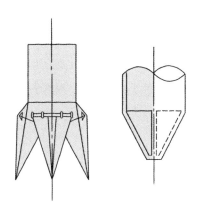

活瓣桩尖　　　混凝土桩靴

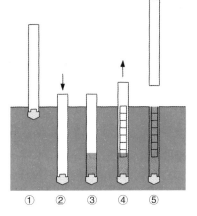

沉管灌注桩施工过程
①就位；②沉套管；③初灌混凝土；
④放置钢筋笼，灌注混凝土；⑤拔管成桩

3.5.5 人工挖孔桩

人工挖孔桩是指桩孔采用人工挖掘方法成孔，然后安放钢筋笼，浇筑混凝土而成的桩。桩直径d一般为800～2000mm，最大直径可达3500mm。底部采取不扩底和扩底两种方式，扩底直径为$1.3d$～$3.0d$，最大扩底直径可达4500mm。施工中常用现浇钢筋混凝土护壁。

> **核心知识**：人工挖孔桩易出现安全问题，限制使用。

一、适用条件

人工挖孔桩适用于土质较好、地下水位较低的黏土、含少量砂卵石的黏土层等地质条件；对软土，流砂，地下水位较高、涌水量大的土层不宜采用。

二、优点和缺点

（1）优点：设备简单；无噪声、振动、污染，对周围影响小；速度快，可同时开挖数根桩；可直接观察土层变化情况，清除沉渣彻底，桩径不受限制，承载力大；成本低。

（2）缺点。作业条件差，开挖效率低，安全操作条件差。

三、施工工艺

测量放线、确定桩位→分段挖土（每段1m）→分段构筑护壁（绑扎钢筋、支模、浇筑混凝土、养护、拆模板）→重复分段挖土、构筑护壁至设计深度→孔底扩大头→清底验收→吊放钢筋笼→浇筑混凝土成桩。

★现多用机械挖土灌注桩来代替人工挖孔灌注桩，如旋挖桩等。

人工提土

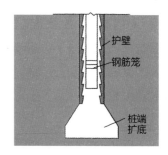

护壁
钢筋笼
桩端扩底

人工挖孔桩构造

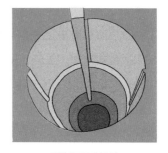

现浇混凝土护壁

3.5.6　爆扩成孔灌注桩

爆扩成孔灌注桩是用钻孔或爆扩法成孔，孔底放入炸药，再灌入适量混凝土，引爆，使孔底形成扩大头，再放入钢筋笼，灌混凝土形成的桩。

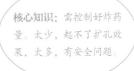

核心知识：需控制好炸药量。太少，起不了扩孔效果，太多，有安全问题。

一、适用条件

爆扩成孔灌注桩在黏性土层中效果好，在软土、砂土中不易成型。桩长一般在3～6m，最大不超过10m，扩大头直径是2.5d～3.5d（d为桩身直径）。

二、施工工艺

钻孔→放炸药管→扩孔清土→放炸药包，灌混凝土→爆扩大头→放入钢筋骨架→灌注混凝土。

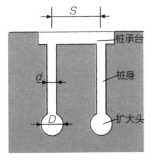

爆扩成孔灌注桩

三、施工要点

（1）爆扩大头的工艺流程为：确定用药量→安放药包→灌注压爆混凝土→引爆。爆扩桩施工中使用的炸药宜用硝铵炸药和电雷管。用药量与扩大头尺寸及土质有关，施工前应在现场做爆扩成型试验确定。

（2）药包必须用薄膜等防水材料紧密包扎，以免受潮。药包用绳索吊进桩孔内，放在孔底中央，上盖15～20cm砂，用以固定药包。

（3）从压爆混凝土灌入桩孔至引爆的时间间隔不宜超过30min，否则，引爆时容易产生混凝土"拒落"的现象。

★ 爆炸物的生产、运输、销售、储存、使用都要符合法律法规要求及公安机关的规定。

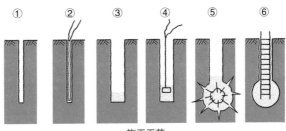

施工工艺

①—钻孔（直径约50~60mm）；②—放炸药管；③—扩孔清土；④—放炸药包，灌混凝土；⑤—爆扩大头；⑥—放入钢筋骨架，灌注混凝土

4

混凝土结构工程

4.1　模板工程

4.1.1　模板的组成

模板是一种模具，起到帮助混凝土成型的作用。

> **核心知识**：模板的选择与模板的成型性能、受力性能与施工性能密切相关。

一、模板工程的基本要求

（1）成型性能：保证混凝土结构和构件的尺寸和位置准确；

（2）受力性能：具有足够的强度、刚度和稳定性；

（3）施工性能：构造简单，装拆方便，不漏浆。

二、模板材料

模板材料与成型性能有关，常见的模板材料包括木模板、钢模板、铝合金模板、塑料模板等。

1.木模板

优点：制作方便、拼装灵活，自重较小，适用于外形复杂的混凝土构件，热导率小，冬季施工保温好。

缺点：耐水性差，周转次数少，尺寸有一定限制，拆模后的钉子易伤人。

选用原则：优先选用通用的大块模板，减少模板的种类和块数，减少切割整块模板的情况，尤其适用于复杂造型。

2.钢模板

优点：强度高、刚度大，稳定性好，易于加工成各种形状的模板，周转次数多。

缺点：板缝多，重量大，一次投资大。

选用原则：优先选用通用的大块模板，合理排列模板，同时考虑支撑件的布置。

3.铝合金模板

优点：观感质量好，平均使用成本低，施工周期短，质量轻。

缺点：一次投资大，工艺较新，不能切割。

选用原则：根据图纸整体定型设计，适用于高层建筑。

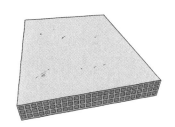

4.塑料模板

优点：平整光洁，耐水性好，可塑性强，可回收反复利用。

缺点：需要定型制作，适用性较差，强度较低。

选用原则：优先选用标准化、大量化的产品，典型应用场景为井字楼盖。

三、支撑体系

支撑体系与受力性能有关，要考虑施工过程中的各种荷载作用，保持模板体系的强度、刚度与稳定性要求。

支撑体系为临时结构体系，要按结构设计验算支撑体系的安全。

梁板受力体系为竖向受力体系，楼盖上部荷载传至模板，模板荷载传至次龙骨（次梁），次龙骨荷载传至主龙骨（主梁），主龙骨荷载传至支撑架（支撑柱），支撑架间加横向支撑防止失稳。

墙柱受力体系为横向受力体系，混凝土横向荷载传至面板，板面荷载传至次背楞（次梁），次背楞荷载传至主背楞（主梁），主背楞荷载传至柱箍或对拉螺栓（支撑柱），外侧辅以斜撑或可调节拉条减少变形。

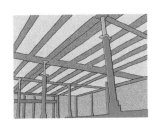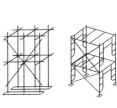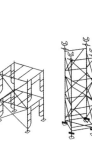

竖向受力体系　　　　横向受力体系　　　　支撑体系的组成

四、连接件

木模板以钢钉连接上下方向的木方，使之成为受力整体。

其他模板以连接件连接，主要的连接件有U形卡、L形插销、钩头螺栓、紧固螺栓、对拉螺栓和3形扣件等。

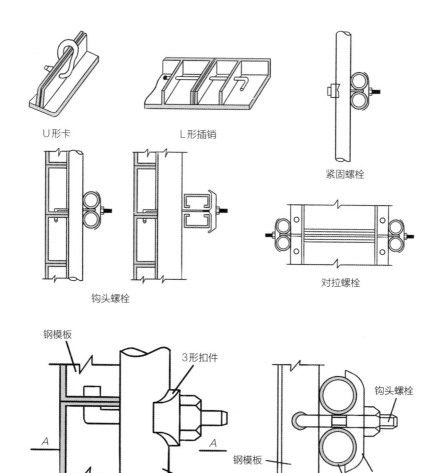

U形卡　　　　　　L形插销

紧固螺栓

钩头螺栓

对拉螺栓

钢模板　　　3形扣件

钩头螺栓

钢模板

钢楞

钢楞

A　　　　　　　A

A-A

扣件固定细部图

4.1.2 模板的构造

各种现浇混凝土构件的形状、尺寸、构造不同，模板的构造与安装方法也不同。模板按结构类型分类如下。

核心知识：模板构造与受力体系和支撑有关。

一、基础模板

特点：高度小而体积较大，浇筑速度快；只考虑侧向支撑，不考虑垂直支撑；须考虑浇筑时的上下模板不发生相对位移。

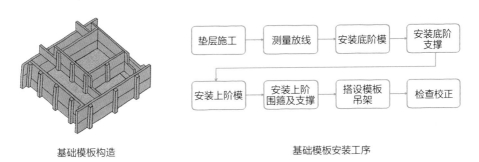

基础模板构造

基础模板安装工序

二、柱模板

特点：面积不大而高度较大，浇筑速度快，侧压力大，易爆模；上部留有与梁模板连接的梁口，中部留有分段浇筑的浇筑口，下部留有杂物清理的清扫口。

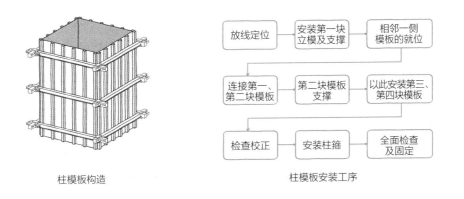

柱模板构造

柱模板安装工序

三、墙模板

特点：受力性能与柱模板类似；要考虑预留洞口的影响；地下室的穿墙螺栓要考虑防渗要求。

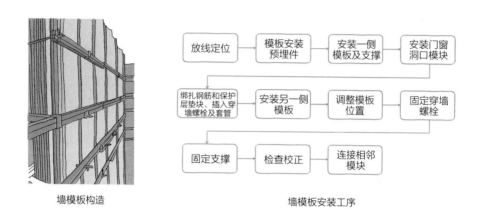

墙模板构造　　　　　　　　　　　　墙模板安装工序

四、板模板

特点：跨度大而厚度不大，浇筑速度快；主要考虑垂直支撑，底部应支撑在坚硬的地面或楼面上，上下层的支撑应在同一竖直线上；支撑架易失稳，需验算其间距及横向支撑位置。

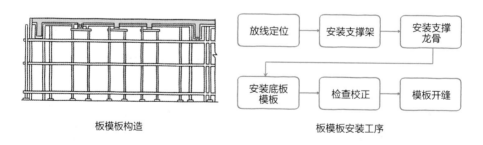

板模板构造　　　　　　　　　　　　板模板安装工序

五、梁模板

特点：跨度大而厚度大，浇筑速度快；既要考虑垂直支撑，又要考虑横向支撑；梁跨度在4m以上时，为减少自重变形的影响，施工时底模块需起拱，一般为结构跨度的1/1000～3/1000；常见的梁、板模板的支撑体系作为整体同时施工，早拆模板体系中梁模板和板模板分别有独立的支撑体系。

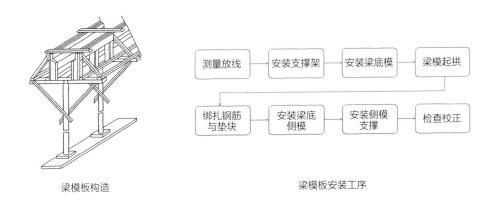

梁模板构造

梁模板安装工序

六、楼梯模板

特点：受力性能与板模板类似，但楼梯模板要倾斜支设，且要能形成踏步；踏步模板分为底板及梯步两部分；梯步由通长踏步连接板形成整体。

楼梯模板构造

楼梯模板安装工序

★模板安装时，不得遗漏预埋件和预留洞口；浇筑混凝土前要对模板再次检查。

4.1.3　工具式模板

工具式模板是指针对现浇混凝土结构的具体构件（如墙体、柱、楼板等）尺寸，加工制成定型化的模板，做到整支整拆，多次周转，实现工业化施工。

> 核心知识：减少施工中的重复劳动，增加工效。

一、大模板

大模板由钢模板拼装而成，可整体安装整体拆卸，大大节约装拆时间，施工需用到起重机械。

特点：施工速度快，机械化程度高；混凝土表面平整，缝少；一次性投资及耗钢量大；通用性差。

大模板

二、滑升模板

滑升模板是用提升装置滑升模板以便于灌筑竖向混凝土结构的施工方法，由模板系统、操作平台系统和液压系统三部分组成。

滑升模板宜用于浇筑剪力墙体系或筒体体系的高层建筑；高耸的筒仓、水塔、竖井、电视塔、烟囱、框架等构筑物。

特点：节约大量的模板及脚手架，节省劳动力，施工速度快，工程费用低，结构整体性好；但模板一次投资多，耗钢量大，对建筑的立面和造型有要求。

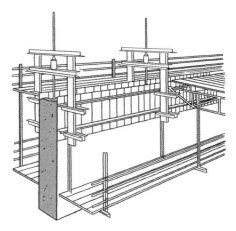

滑升模板

三、爬升模板

爬升模板是在混凝土浇筑完毕后，利用提升装置将模板自行提升到上一个楼层，再浇筑上一楼层墙体混凝土的垂直移动式模板。爬升模板分为有爬架爬模与无爬架爬模两类。有爬架爬模由模板、爬架和爬升设备三部分组成。

爬升模板适用于剪力墙体系和筒体体系。

特点：模板能够自爬且下部悬挂有脚手架，从而减少了起重机械的使用，加快了施工进度。

滑模与爬模在工艺上的主要区别在于：滑模是浇筑过程中，在混凝土还未凝固时就不断地提升或移动模板使之成形，模板和浇筑的混凝土之间相对滑动；爬模是浇筑一段模板后提升爬架，再安装一段模板后浇筑施工，模板和浇筑的混凝土之间没有相对运动，在下层的混凝土凝固后拆除模板。

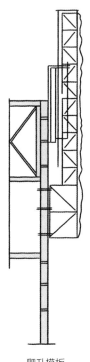

爬升模板

四、台模

台模又称飞模，是一种由平台板、梁、支架、支撑和调节支腿等组成的大型工具式模板，可以整体脱模和转运，借助吊车从浇完的楼板下飞出转移至上层重复使用。台模吊运时，将支腿折起来，滚轮着地，向前推进1/3台模长，可用起重机吊住一端，继续推出2/3台模长，再吊住另一端，然后整体吊运到新的位置。

台模适用于高层建筑大开间、大进深的现浇混凝土楼盖施工，也适用于冷库、仓库等建筑的无柱帽的现浇无梁楼盖施工。

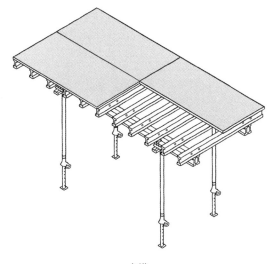

台模

五、隧道模

隧道模用于隧道工程建设，是一种横向移动的模板体系，外部为大模板，底下有滑轨，可整体向前推进，有力地保障了施工人员的安全。

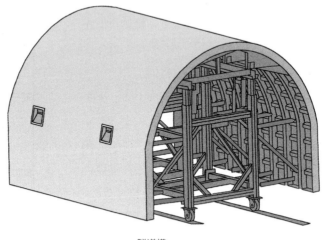

隧道模

六、永久性模板

永久性模板也称一次性模板，即在现浇混凝土结构浇筑后模板不再拆除，其中有的模板与现浇结构叠合后组成共同受力构件，多用于现浇钢筋混凝土楼板工程。

永久性模板

七、胎模

胎模是一种永久性模板，是指基础层施工时，由于无法拆除木模板，改用砌砖的方法与土方隔离，砌砖后当模板使用。

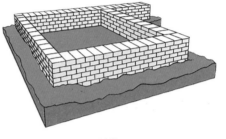

胎模

4.1.4 模板的设计

模板设计的主要任务是确定模板的构造及各部分尺寸，进行模板与支撑的结构计算。

核心知识：模板的设计须符合强度、刚度、稳定性的要求。

一、设计步骤

（1）根据施工经验初步设计模板构造与各项参数，绘制配板图和支撑系统布置图；

（2）根据施工条件确定各项施工荷载，并对模板及支撑系统进行强度、刚度和稳定性验算，检验初步设计是否符合要求；

（3）制定模板施工方案。

二、模板的设计荷载

在设计和验算模板及支架时应考虑下列荷载：

（1）楼板模板自重标准值。

楼板模板自重标准值 /（kN/m^2）		
模板构件	木模板	定型组合钢模板
平板模板及小楞自重	0.3	0.5
楼板模板自重（包括梁模板）	0.5	0.75
楼板模板及其支架自重（楼层高度4m以下）	0.75	1.1

（2）新浇筑混凝土自重标准值。普通混凝土取24kN/m^3。

（3）钢筋自重标准值。楼板取1.1kN/m^3；梁取1.5kN/m^3。

（4）施工人员及设备荷载标准值。计算模板及直接支撑模板的小楞时，均布荷载为2.5kN/m^2，另应以集中荷载2.5kN再进行验算，比较两者所得弯矩值，按其中较大的采用。计算直接支撑小楞结构构件时，均布活荷载为1.5kN/m^2，计算支架立柱及其他支撑结构构件时，均布活荷载为1.0kN/m^2。

（5）振捣混凝土时产生的荷载标准值。对水平面模板可采用2.0kN/m^2；对垂直面模板可采用4.0kN/m^2。

（6）新浇筑混凝土对模板侧面的压力标准值。采用内部振捣器时，混凝土侧压力分布如下图所示，最大侧压力F按下列二式计算，并取其中的较小值。

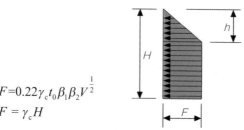

$$F = 0.22\gamma_c t_0 \beta_1 \beta_2 V^{\frac{1}{2}}$$
$$F = \gamma_c H$$

式中　F——新浇筑混凝土对模板的最大侧压力，kN/m^2；

γ_c——混凝土的重力密度，kN/m^3；

t_0——新浇筑混凝土的初凝时间，h，可按实测确定；当缺乏试验资料时，可采用$t_0 = 200（T+15）$计算，T为混凝土的温度，℃；

V——混凝土的浇筑速度，m/h；

H——混凝土侧压力计算位置处至新浇筑混凝土顶面的总高度，m；

β_1——外加剂影响修正系数，不掺外加剂时取1.0，掺具有缓凝作用的外加剂时取1.2；

β_2——混凝土坍落度影响修正系数，当坍落度小于30mm时，取0.85；当坍落度为50～90mm时，取1.0；当坍落度为110～150mm时，取1.15。

上图中，h为有效压头高度，$h = F / \gamma_c$，其中F为上述二式计算出的较小值。

（7）倾倒混凝土时产生的水平荷载标准值。

项次	向模板中供料方法	水平荷载标准值 / (kN/m^2)
1	用溜槽、串筒或由导管输送	2.0
2	用容量 $<0.2m^3$ 的运输器具倾倒	2.0
3	用容量 $0.2～0.8m^3$ 的运输器具倾倒	4.0
4	用容量 $>0.8m^3$ 的运输器具倾倒	6.0

注：作用范围在有效压头高度以内。

以上计算适用于普通模板，不适用于滑升模板、水平移动式模板等特殊模板。

三、荷载组合

荷载设计值＝标准值 × 荷载分项系数。荷载分项系数取值见下表。

项次	荷载类别	荷载分项系数
1	模板及支架自重	
2	新浇筑混凝土自重	1.2
3	钢筋自重	
4	施工人员及施工设备荷载	
5	振捣混凝土时产生的荷载	1.4
6	新浇筑混凝土对模板侧面的压力	1.2
7	倾倒混凝土时产生的荷载	1.4

各种构件应按照下表进行荷载组合，以验算模板构件的受力性能。

模板类型	参与组合的荷载项	
	计算承载能力	验算刚度
平板和薄壳的模板及支架	1, 2, 3, 4	1, 2, 3
梁和拱模板的底板及支架	1, 2, 3, 5	1, 2, 3
梁、拱、柱（边长 ≤ 300m）、墙（厚 ≤ 100mm）的侧面模板	5, 6	6
大体积结构、柱（边长 >300mm）、墙（厚 >100mm）的侧面模板	6, 7	6

四、模板的挠度要求

模板挠度允许值：结构表面外露的模板，为模板构件跨度的1/400；结构表面隐蔽的模板，为模板构件跨度的1/250；支架压缩变形值或弹性挠度，为相应结构跨度的1/1000。

4.1.5 模板的拆除

为了加快模板周转的速度，减少模板的总用量，降低工程造价，模板应尽早拆除，提高使用效率。

核心知识：模板拆除时间要恰当，要保证施工安全。

一、拆模时间

拆模时间取决于混凝土硬化的强度、模板用途、结构性质、气温等因素。

（1）侧模的拆除

非承重模板侧模在强度达到1.2MPa时方可拆除，拆模时应保证其表面及棱角不受损伤。

（2）底模与支架的拆除

底模应在与混凝土结构同条件养护的试件达到规定强度标准值时，方可拆除。底模拆除时所需的混凝土强度如下表所示。

结构类型	结构跨度 /m	按设计的混凝土强度标准值百分率计 /%
板	≤ 2	50
	>2, ≤ 8	75
	>8	100
梁、拱、壳	≤ 8	75
	>8	100
悬臂构件	≤ 2	75
	>2	100

注：设计的混凝土强度标准值系指与设计混凝土强度等级相应的混凝土立方体抗压强度标准值。

二、拆模顺序

先支的后拆、后支的先拆；先非承重部分、后承重部分；自上而下，先侧模、后底模。

模板拆除顺序

拆模过早导致的问题

拆除顺序不当容易引发严重问题

三、拆模注意事项

（1）上一层楼板正在浇筑混凝土时，下一层楼板的模板支柱不得拆除，再下一层楼板模板的支柱仅可拆除一部分。

（2）跨度超过4m的梁下均应保留支柱，其间距不得大于3m。

（3）模板应及时清理、维修、涂隔离剂、按类堆放。

（4）拆模不要用力过猛，严禁抛扔。

（5）处于高空已拆除连接件和支撑的模板必须拆除彻底，防止坠落伤人。

混凝土结构工程

4.2 钢筋工程

4.2.1 钢筋的种类

钢筋的种类很多，按照不同方法可以作不同分类。

一、按有无预应力分类

根据有无预应力，分为普通钢筋和预应力钢筋。预应力钢筋能承受普通钢筋几倍以上的荷载。

二、按受力作用分类

按受力作用不同，分为受力钢筋、架立钢筋、分布钢筋。

> **核心知识**：钢筋种类很多，进场验收时要分清楚其种类是否正确。

三、按生产工艺分类

按生产工艺不同，分为热轧钢筋和冷轧钢筋。其中热是指在钢厂融化成铁水状态下温度，冷指的是常温，建筑行业多用热轧钢筋。

四、按轧制外形分类

按轧制外形不同，分为光圆钢筋（HPB）和带肋钢筋（HRB）。光圆钢筋易加工，一般用于箍筋；带肋钢筋在受力时增加与混凝土的握裹力，能更好发挥受力性能。

五、按强度分类

按强度不同，常见的钢筋分为HPB300、HRB335、HRB400、HRB500四个等级，而且级别越高，其强度和硬度越高，塑性越低。

热轧钢筋的分类和力学性能

牌号	符号	直径 d/mm	屈服强度 f_{yk}/MPa	抗拉强度 f_{tk}/MPa	伸长率 A/%
HPB300	φ	6～22	300	420	25
HRB335	Φ	6～50	335	455	17
HRBF335	Φ^F				

120

续表

牌号	符号	直径 d/mm	屈服强度 f_{yk}/MPa	抗拉强度 f_{tk}/MPa	伸长率 A/%
HRB400	⏀	6～50	400	540	16
HRBF400	⏀F				
HRB500	⏀	6～50	500	630	15
HRBF500	⏀F				

六、按直径分类

按直径不同，分为钢丝（直径 3～5mm）、细钢筋（直径 6～10mm）、中粗钢筋（直径 12～20mm）和粗钢筋（直径大于 20mm）。钢绞线是由 3 根或 7 根高强圆钢丝捻成，常作为预应力钢筋。

七、按化学成分分类

按化学成分不同，分为碳素钢筋、普通低合金钢筋。

八、按供应形式分类

按供应形式不同，分为盘条钢筋和直条钢筋。盘条钢筋直径 6～10mm，为圆盘状，施工时需要调直；直条钢筋直径不小于 12mm，每根长 6～12m，施工时需要接长。

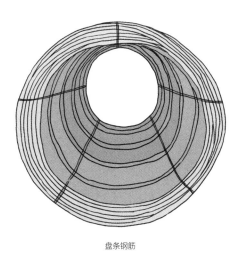

盘条钢筋

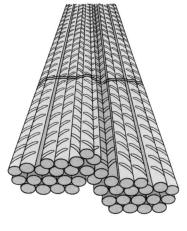

直条钢筋

4.2.2 钢筋进场验收

进入施工现场的钢筋必须进行质量验收，经进场质量验收合格的钢筋方可在工程中使用。

核心知识： 钢筋的进场验收包括文件验收、外观验收及力学性能验收。

一、验收要求

（1）文件验收。检查出厂质量证明书和试验报告单，对每捆钢筋的标牌进行检查（注明生产厂家、生产日期、钢号、炉罐号、钢筋级别、直径等标记），并按品种、批号及直径分批验收。

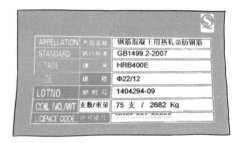

（2）外观验收。外观检查要求钢筋平直、无损伤，表面不得有裂纹、结疤、折叠、油污、颗粒状或片状老锈，验收钢筋直径、重量偏差等。

（3）力学性能验收。力学性能试验时，在每批中任选两根钢筋作为一套试样，每套试样取一根做拉力试验（测屈服点、抗拉强度、伸长率），另一根做冷弯试验。若有一个项目结果不符合该钢筋力学性能所规定的数值时，则另取双倍数量的试件对不合格项目做第二次试验，如仍不合格则该批钢筋不予验收。

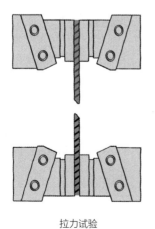

拉力试验

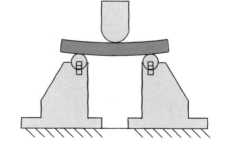

冷弯试验

（4）其他验收。对热轧钢筋的级别有怀疑时，除做力学性能试验外，尚需进行钢筋的化学成分分析。在钢筋加工中如发生脆断、焊接性能不良和机械性能异常时，也应进行化学成分检验或其他专项检验。

二、验收数量

按品种、批号及直径分批验收，每批重量热轧钢筋不超过60t，冷轧带肋钢筋不超过50t，冷轧扭钢筋为10t。

三、现场保管注意事项

（1）挂牌。严格按批次、规格、牌号、直径、长度挂牌分别存放，并注明数量。钢筋成品按工程名称、构件名称和编号顺序存放。

（2）选择合适的存放场所。钢筋一般应入库存放或入棚存放。条件不具备时，应选择地势较高、通风干燥、地面平坦的露天场地堆放。钢筋垛底应垫高200mm以上，同时保持料场清洁。

（3）钢筋堆垛之间应留出通道以利于查找、运送和存放。

（4）加强防护措施，要避免钢筋接触酸、盐、油等腐蚀性介质，堆放钢筋附近不能有有害气体源，防止钢筋锈蚀。

（5）设专人管理，建立严格的验收、保管、领取制度。

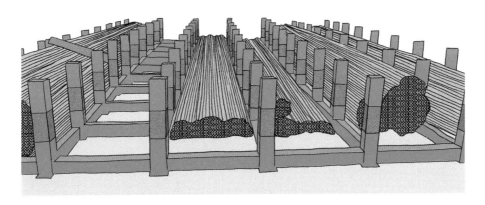

★钢筋进场需进行见证取样复试，并经检验合格后方能使用。

4.2.3 钢筋配料

钢筋配料是指根据结构施工图，分别计算构件各钢筋的实际下料长度、根数及重量，编制钢筋配料单，作为备料、加工的依据。

> 核心知识：钢筋按下料长度切断，不浪费。

钢筋弯折后外边缘变长内边缘缩短，而中间轴线长度不变。因此，钢筋的下料长度是指相应钢筋的轴线尺寸。

钢筋弯折后的轴线尺寸施工现场难以测量，而测量外包尺寸（即按照弯折外边线计算的长度）更为方便。钢筋下料计算时，以外包尺寸为基础，再加以调整。

钢筋下料计算时，需考虑的内容有：

（1）保护层厚度。钢筋的保护层是指从混凝土外表面至钢筋外表面的距离，外包尺寸计算要扣除构件两端保护层厚度。

钢筋的混凝土保护层厚度（单位：mm）

环境与条件	构件名称	混凝土强度等级		
		低于 C20	C25 ～ C50	高于 C50
室内正常环境	板、墙、壳	20	15	15
	梁	30	25	25
	柱	30	30	30
露天或室内高湿度环境	板、墙、壳	—	20	20
	梁	—	30	30
	柱	—	30	30
有垫层	基础	40		
无垫层		70		

（2）弯折处的量度差。钢筋弯折后，弯折处外包尺寸明显大于轴线尺寸，其差值称为量度差。下料长度的计算，要扣除每个弯折处的量度差。

（3）弯钩增加值。由于增加钢筋与混凝土握裹力的构造要求，钢筋两端要加弯钩。下料长度的计算，要增加两端的弯钩增加值。

钢筋90°弯折示意图

钢筋下料长度＝外包尺寸之和－弯曲处的量度差＋两端弯钩增加值

钢筋弯曲量度差取值				
钢筋弯曲角度	30°	45°	60°	90°	135°
钢筋弯曲量度差	0.35d	0.5d	0.85d	2d	2.5d

注：d 为钢筋直径。

端部的弯钩增加值		
钢筋弯曲角度	90°	135°	180°
弯钩增加值	3.5d	4.9d	6.25d

例如某钢筋（$\phi 20$）的下料长度计算过程如下：

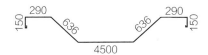

$2 \times$（150+290+636）+4500-4 × 0.5 × 20-2 × 2 × 20+2 × 6.25 × 20 = 6782（mm）

所以该段钢筋下料长度取6782mm。

（4）箍筋调整值。箍筋的末端应做成弯钩，弯折角度不小于90°，当有抗震要求时，弯折角度应为135°。弯钩平直段长度，一般应不小于5d，有抗震要求的，不小于10d。

（5）钢筋质量。

每根钢筋质量＝钢筋截面积（$\frac{\pi d^2}{4}$）× 钢筋下料长度（l）× 钢筋密度（ρ）

钢筋配料单

构件名称	钢筋编号	简图	钢号	直径/mm	下料长度/mm	单根根数	合计根数	质量/kg
L1梁（共10根）	①	200 ⌐6190⌐	φ	25	6802	2	20	523.75
	②	6190	φ	12	6340	2	20	112.60
	③	765 636 3760	φ	25	6824	1	10	262.72
	④	265 636 4760	φ	25	6824	1	10	262.72
	⑤	168 462	φ	6	1298	32	320	91.78
	合计	φ 6：91.78kg；φ 12：112.60kg；φ 25：1049.19kg；						

★钢筋质量计算后按直径汇总，作为钢筋订货的依据。

4.2.4　钢筋代换

一、钢筋代换方法

若在施工过程中，由于材料供应的困难不能完全满足设计对钢筋级别或规格的要求，为保证工期，可对钢筋进行代换。

> **核心知识**：代换后的指标不低于代换前，且要验算结构构造要求。

（1）等强代换。当构件按强度控制时，可按强度相等的原则代换，使代换后的强度不低于代换前的强度。其代换原则可参考如下公式：

$$A_{s2}f_{y2} \geq A_{s1}f_{y1}$$

式中，A_{s1} 为原设计钢筋总面积；A_{s2} 为换后钢筋总面积；f_{y1} 为原设计钢筋的设计强度；f_{y2} 为代换后钢筋的设计强度。

（2）等面积代换。当构件按最小配筋率配筋或相同级别的钢筋之间代换时，可按钢筋面积相等的原则进行代换，使代换后的面积不低于代换前的面积，即 $A_{s2} \geq A_{s1}$。

二、裂缝和挠度验算

构件按裂缝宽度或挠度指标控制时，先按前两种方法进行代换，再予以裂缝和挠度验算。

三、钢筋代换注意事项

（1）钢筋代换后，仍应满足结构构造要求，如钢筋最小直径、间距、根数和锚固长度等。

（2）重要构件如吊车梁、薄腹梁和桁架下弦等，不宜用HPB300钢筋代替高等级钢筋，以免裂缝宽度开展过大。

（3）梁的纵向受力钢筋与弯起钢筋应分别进行代换，以保证正截面与斜截面强度。

（4）当钢筋的品种、级别或规格需作变更时，应办理设计变更手续。

★钢筋代换一般是迫不得已，不能主动代换。

4.2.5 钢筋加工

钢筋一般在施工现场的钢筋加工棚加工，然后再安装或绑扎。钢筋的加工包括调直、除锈、切断、接长、弯曲等工作。

核心知识：钢筋加工已实现机械化。

（1）调直。钢筋调直宜采用机械调直，也可利用冷拉调直。调直时的冷拉率为：HPB300级钢筋不宜大于4%，HRB335、HRB400级钢筋不宜大于1%。大直径钢筋采用扳直或锤直。

（2）除锈。为保证钢筋与混凝土之间的握裹力，钢筋在使用之前，应将其表面的油渍、漆污、铁锈等清除干净。一般在调直过程中，即完成除锈。可用钢丝刷、电动除锈机、酸洗等方法除锈。

钢筋加工棚

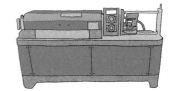

钢筋调直切断机

（3）切断。可采用钢筋切断机或手动切断器按下料长度切断钢筋。手动切断器一般用于切断直径小于12mm的钢筋；钢筋切断机有电动和液压两种，可切断直径40mm的钢筋。

（4）接长。需要接长时，可采用焊接、机械连接和绑扎等方法接长。接长部位应形成可靠连接。

（5）弯曲。钢筋弯曲采用弯曲机。弯曲机可弯直径6～40mm的钢筋，直径小于25mm的钢筋也可采用扳手弯曲。

钢筋弯曲机

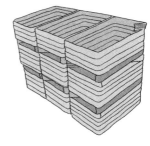

成品钢筋

4.2.6　钢筋连接概述

一、钢筋连接方法及特点

钢筋长度不足时，常采用焊接、机械连接和绑扎搭接的方法接长。三种方法的特点是：

焊接

机械连接

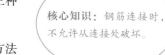

核心知识：钢筋连接时，不允许从连接处破坏。

（1）焊接——方法较多，成本较低，质量可靠，容易实现自动化，优先采用。

（2）机械连接——无明火作业，设备简单，节约能源，可全天候施工，连接可靠，技术易于掌握，适用范围广，但成本较高。

（3）绑扎搭接——需较长的搭接长度，浪费钢筋且连接不可靠，应限制使用。

由于受力时连接的位置较薄弱，一般需对接头采取增加强度或增大面积等措施，受力破坏时，不允许从连接处破坏。

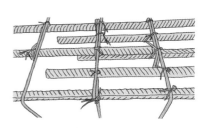

绑扎搭接

二、钢筋连接构造要求

（1）接头尽量设置在受力较小处。

（2）在同一受力钢筋上宜少设连接接头。

（3）接头位置相互错开。

（4）在钢筋连接区域应采取必要的构造措施，保证连接区域的配箍，确保对被连接钢筋的约束。

（5）钢筋直径不同时，采取措施减少应力集中。

★连接完成后，需要对接头进行外观检查和强度检验。

4.2.7 钢筋连接——焊接

焊接是两种或两种以上同种或异种材料，以加热、高温或者高压的方式通过原子或分子之间的结合和扩散连接成一体的工艺过程。焊接分为压焊和熔焊两类，压焊包括闪光对焊、电阻点焊和气压焊；熔焊包括电渣压力焊和电弧焊。

钢筋的焊接质量与钢材的可焊性、焊接工艺有关。可焊性与钢筋所含碳、合金元素等的数量有关，含碳、硫、硅、锰数量增加，则可焊性差；而含适量的钛可改善可焊性。

一、闪光对焊

（1）原理：钢筋闪光对焊的原理是利用对焊机使两段钢筋接触，通过低电压的强电流，待钢筋被加热到一定温度变软熔化后，进行轴向加压顶锻，形成对焊接头。

（2）优点：闪光对焊是钢筋头与钢筋头的连接，受力性能好。

（3）缺点：闪光对焊施工期间产生大量火花，易引起火灾。

（4）工艺：分为连续闪光焊、预热闪光焊、闪光–预热–闪光焊等。对于大直径钢筋，先闪光使钢筋端部烧化平整，再预热使钢筋升温，最后连续闪光加压顶锻。对于小直径钢筋，直接连续闪光即可。

（5）力学性能检查：每检验批抽取6个试件，其中3个做拉伸试验，3个做弯曲试验。

核心知识：钢筋焊接应强化质量管理和安全管理。

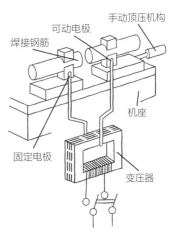

闪光对焊原理

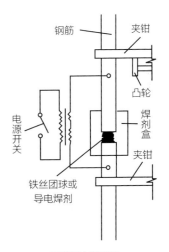

电渣压力焊原理

二、电渣压力焊

（1）原理：利用电流通过渣池产生的电阻热量将钢筋端部熔化，然后施加压力使上、下两段钢筋焊接成一体。电渣压力焊实质上是竖直向的闪光对焊，用焊剂盒包裹渣池防止火花飞溅，主要用于竖向钢筋的焊接。

（2）优点：焊接质量好，成本低，工艺方法简单。

（3）缺点：焊接地点有局限性，焊接热影响区较大。

（4）工艺：工艺参数为焊接电流、渣池电压和通电时间，根据钢筋直径选择。焊接不同直径的钢筋时，应根据较小直径的钢筋选择参数。

（5）力学性能检查：每300个为检验批，切取其中3个做拉伸试验。

三、电弧焊

（1）原理：利用弧焊机使焊条与焊件之间产生高温电弧，熔化焊条及电弧范围内的焊件金属，凝固后形成焊缝或接头。根据焊接接头的形式分为帮条焊、搭接焊、坡口焊、熔槽帮条焊等，适用于各种工作环境。

电弧焊

（2）优点：设备简单，价格便宜，通用性强。

（3）缺点：焊工劳动强度大，劳动条件差，生产效率低。

（4）工艺：检查设备→选择焊接参数→焊定位焊缝→引弧、施焊、收弧→清渣→质量检查。

（5）力学性能检查：每300个为检验批，切取其中3个做拉伸试验。如对焊接质量有怀疑或发现异常情况，还可进行非破损检验，如X射线、γ射线、超声波探伤等。

四、电阻点焊

（1）原理：将钢筋的交叉部分置于点焊机的两个电极间，然后通电，钢筋温升至一定高度后熔化，再加压使交叉处钢筋焊接在一起。主要用于交叉钢筋的焊接。

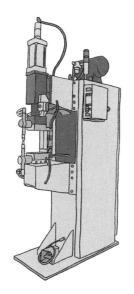

点焊机

（2）优点：加热时间短、热量集中，不需焊条，加热简单。

（3）缺点：缺乏可靠的无损检测方法，设备成本较高。

（4）工艺：主要工艺参数为变压器级数、通电时间和电极压力。在焊接过程中应保持一定的预压和锻压时间。

（5）力学性能检查：抽样做抗剪能力试验，其抗剪强度应不低于其中细钢筋的抗剪强度。拉伸试验时，不能在焊点处断裂。弯曲试验时，不应有裂纹。

五、气压焊

（1）原理：利用乙炔和氧气的混合气体燃烧的高温火焰对两根钢筋端面接合处加热，使其产生塑性变形，再进行加压顶锻，完成焊接。气压焊可进行竖向、水平、斜向等全方位焊接。

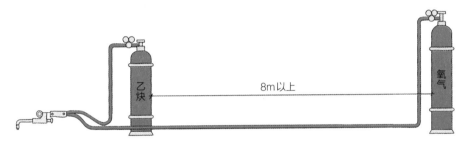

气压焊

（2）优点：焊接区没有铸造组织、夹杂物和气孔，温度梯度小，所以对裂纹的敏感性极小，并且不需要大功率电源。

（3）缺点：生产效率较低，焊接后工件变形和热影响区较大。

（4）工艺：检查设备、气源→钢筋端头制备→安装焊接夹具和钢筋→试焊、做试件→施焊→卸下夹具→质量检查。

（5）力学性能检查：每300个为检验批，在柱、墙的竖向钢筋连接中，应从每批接头中随机切取3个接头做拉伸试验；在梁、板的水平钢筋连接中，应另切取3个接头做弯曲试验。

★焊接施工时，焊工应持证上岗，施工人员培训合格。

4.2.8　钢筋连接——机械连接

机械连接是通过钢筋和连接件的机械咬合作用，将一根钢筋的力传到另一根钢筋的连接方法，包括套筒挤压连接、锥螺纹连接、直螺纹连接。

> **核心知识：**钢筋机械连接受力性能好，施工效率高，适用范围广。

一、套筒挤压连接

（1）原理：把两根待接钢筋的端头先插入一个优质钢套管，然后用挤压机在侧向加压数道，套筒塑性变形（压扁）后即与带肋钢筋紧密咬合，达到连接的目的。

（2）特点：节省电能，不受气候、钢筋可焊性等的影响，无明火、施工简便、接头可靠度高等。

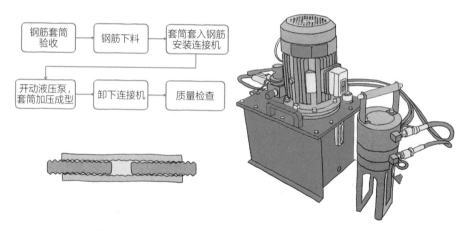

套筒挤压连接　　　　　　　　　　　　带肋钢筋冷挤压机

二、锥螺纹连接

（1）原理：利用锥形螺纹套筒将两根钢筋端头对接在一起，利用螺纹的咬合力传递拉力或压力。

（2）特点：施工速度快，不受气候影响，质量稳定，对中性好。

锥螺纹连接

三、直螺纹连接

直螺纹连接套筒的类型有：标准型（用于HRB335、HRB400级带肋钢筋）、扩口型

（用于钢筋难于对接时的施工）、变径型（用于钢筋变径时的施工）、正反丝扣型（用于钢筋不能转动时的施工）。套筒的抗拉设计强度不应低于钢筋抗拉强度的1.2倍。

（1）原理：利用钢筋端头螺纹与套筒内螺纹咬合形成钢筋接头，接头安装时，使用普通扳手将两个钢筋丝头在套筒中间位置相互顶紧即可。

（2）特点：综合了以上两种连接的优点，螺纹扣数少，连接速度快，应用范围广。

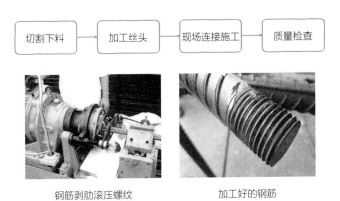

钢筋剥肋滚压螺纹　　　　　　　　　加工好的钢筋

直螺纹套筒　　　　　　直螺纹套筒连接　　　　　　　成品

（3）机械连接的力学性能检查：每500个为检验批，对每一验收批，应随机抽取10%作外观检查，合格率小于95%时，应加倍抽检；复检合格率仍小于95%时，判该批为不合格。抽取3个试件做静力拉伸试验，接头的抗拉强度应≥钢筋母材抗拉强度标准值，尚应≥95%钢筋母材实际抗拉强度值；如有一个试件的强度不合格，应再取6个试件进行复检，复检中如仍有一个试件试验结果不合格，则判该验收批为不合格。

★钢筋机械连接安全性好，质量可靠，属建筑业推广使用的新技术。

4.2.9 钢筋连接——绑扎搭接

钢筋绑扎并不能形成可靠连接，只能起到临时固定钢筋作用，实质是靠混凝土的握裹力使钢筋共同受力形成整体。

轴心受拉及小偏心受拉杆件的纵向受力钢筋不得采用绑扎搭接，其他构件中的钢筋采用绑扎搭接时，受拉钢筋直径不宜大于25mm，受压钢筋直径不宜大于28mm。

> **核心知识**：钢筋绑扎接长的实际是用混凝土的握裹力连接钢筋。

钢筋的绑扎接长方式为搭接，每根钢筋在搭接长度内必须采用三点绑扎。用双丝绑扎搭接钢筋两端头30mm处，中间绑扎一道。搭接范围内通过三根筋，例如：墙体竖向钢筋搭接范围必须保证有三道水平筋通过，墙体水平钢筋搭接范围内必须保证有三道竖向筋通过。

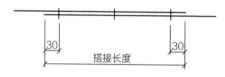

搭接构造（单位：mm）

搭接范围过三根筋　　　竖向筋接头错开

剪力墙同排内相邻两根竖向筋接头应相互错开，不同排相邻两根竖向筋接头也应相互错开，搭接接头错开500mm。钢筋最小搭接长度如下表。

钢筋类型		混凝土强度等级			
		C15	C20~C25	C30~C35	≥ C40
光圆钢筋	HPB300（Ⅰ）级	45d	35d	30d	25d
带肋钢筋	HRB335（Ⅱ）级	55d	45d	35d	30d
	HRB400（Ⅲ）级	—	55d	40d	35d
	RRB400（Ⅲ）级				

注：表中 d 为钢筋直径。本表适用于纵向受拉钢筋的绑扎接头面积百分率 ≤ 25% 的情况。

★钢筋的绑扎接长需要耗费较多的钢筋，效果也不算好，应限制使用。

4.2.10　钢筋安装

钢筋绑扎安装前，应先熟悉施工图纸，核对钢筋配料单，准备绑扎用的铁丝、绑扎工具、绑扎架等。钢筋绑扎一般用18~22号铁丝。

核心知识：浇筑混凝土前，需要做隐蔽工程验收。

一、保护层的控制

绑扎时要用塑料垫块、钢筋马镫垫块或混凝土垫块支承钢筋，以保证保护层厚度正确。

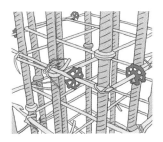

塑料垫块

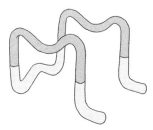

钢筋马镫垫块

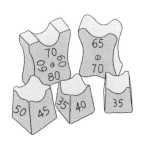

混凝土垫块

二、管线预埋

管线预埋到混凝土结构时，需做好固定工作并验收其位置的正确性，预留洞口处需采取结构加强措施。

管线预埋

三、绑扎固定

（1）缠扣绑扎，适用于横向和竖向钢筋的绑扎。

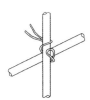

（2）套扣绑扎，适用于弯折钢筋角部与直钢筋绑扎。

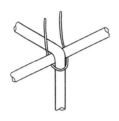

（3）一字扣绑扎，适用于板筋绑扎。

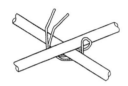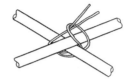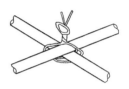

四、安装顺序

钢筋绑扎程序是：画线→摆筋→穿箍→绑扎→安装垫块等。画线时应注意间距、数量，标明加密箍筋位置。

底板钢筋绑扎		柱钢筋绑扎	
弹出钢筋位置线→绑扎基础梁钢筋→绑扎底板下部钢筋→绑扎底板上部钢筋→绑扎墙、柱插筋→检查验收		调整下层柱预留筋→套柱箍筋→连接竖向受力筋→画箍筋间距线→绑箍筋→检查验收	
剪力墙钢筋绑扎		梁钢筋绑扎	
修整预留筋→绑竖向钢筋→绑水平钢筋→绑拉筋及定位筋→检查验收		在主次梁模板上口铺架立横杆→放主梁上层钢筋→画主梁箍筋间距、套箍筋→穿主梁下层纵筋→箍筋绑扎→穿次梁上层纵筋→画次梁箍筋间距、套箍筋→穿次梁下层钢筋→箍筋绑扎→抽出横杆落骨架于模板内→检查验收	
板钢筋绑扎		楼梯钢筋绑扎	
清理模板→模板上画线→绑下受力筋→绑负弯矩钢筋		画位置线→绑主筋→绑分布筋→绑踏步筋	

对于绑扎完成的钢筋要认真进行自检、互检、交接检，确认相互间无误。专业配合完成后，报监理工程师验收，并且办理了隐蔽工程验收手续后，方可进行下道工序施工。

4.3 混凝土工程

4.3.1 混凝土原材料

混凝土是一种由散体材料和胶凝材料按一定比例混合后，经均匀搅拌，密实成型，养护硬化而成的一种人工石材。混凝土的原材料包括水泥、砂、石、水、外加剂和外掺料。

> **核心知识：** 混凝土原材料要满足质量要求。

一、水泥

水泥是具有一定强度的水硬性胶凝材料，起到使散体材料形成整体的作用。水泥按成分可分为普通硅酸盐水泥、矿渣硅酸盐水泥、火山灰硅酸盐水泥、粉煤灰硅酸盐水泥等。

水泥在进场时必须具有出厂合格证明和试验报告，并对其品种、标号、出厂日期等内容进行检查验收并分别堆放。水泥一般采用袋装，每袋50kg。水泥要防止受潮，离地、离墙30cm以上。水泥存放时间不宜过长，水泥存放期自出厂之日算起不得超过3个月。

由于水泥粉尘对操作工人的肺部及皮肤有一定危害，且易随风污染周边环境，许多地方已禁止使用袋装水泥现场拌制混凝土，改为采用水泥制品及商品混凝土，水泥的运输采用散装水泥车。

> ★道路工程中，除使用水泥作为胶凝材料外，常常使用沥青作为胶凝材料。

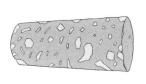

混凝土

袋装水泥

散装水泥车

二、砂

砂又称细骨料，是形成混凝土骨架的材料。混凝土用砂以细度模数为2.5～3.5的中粗砂最为合适。砂的有害物质含量、碱骨料反应含泥量和泥块量不得超过相关规定。

常见的砂按成因分为河砂、山砂和海砂。河砂质量最好，可直接用于建筑工程；山砂需要控制含泥量；海砂中的氯离子对钢筋有很强的腐蚀性，未经处理禁止用于建筑工程。海砂需经过淡化和过滤等处理程序，处理后的氯离子含量应不大于0.06%，且无云母、贝壳等杂质。

★ 对于预应力钢筋混凝土，不允许采用海砂。

河砂　　　　　　　　　　山砂　　　　　　　　　　海砂

三、石子

石子又称粗骨料，是形成混凝土骨架的主要材料。石子要求质地坚硬、颗粒级配良好，含泥量小。常用的石子有卵石和碎石，卵石混凝土强度偏低，但水泥用量少，泵送时对管道的磨损较低，碎石混凝土的性质则相反。

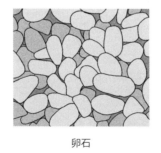

卵石　　　　　　　　　　碎石

四、水

混凝土拌和用水一般使用饮用水。当使用其他来源水时，水质必须符合国家有关标准的规定。

五、外加剂

混凝土外加剂是一种在混凝土搅拌之前或拌制过程中加入的，用以改善新拌混凝土和硬化混凝土性能的材料。

（1）减水剂。减水剂能显著减少拌和用水量，改善和易性，增加流动性，有利于混凝土强度的增长及物理性能的改善。

（2）早强剂。早强剂可加快混凝土硬化过程，提高早期强度，加快工程进度。但要注意，有些早强剂含氯盐，对钢筋有锈蚀作用，禁止用于大体积混凝土和预应力结构。

（3）速凝剂。速凝剂可加快混凝土硬化的速度，常用于快速施工、堵漏、制备喷射混凝土等。

（4）缓凝剂。缓凝剂可延缓混凝土硬化的速度，并对后期强度无影响，主要用于大体积混凝土、长距离运输的混凝土等。

（5）膨胀剂。膨胀剂在水化过程中产生一定的体积膨胀，可补偿混凝土的收缩量，从而使混凝土不出现裂缝。

（6）防水剂。防水剂不但能防水，还有很大的黏结力和速凝作用，用于修补工程和堵塞漏水很有效果。

★外加剂之间有可能发生化学反应，故加入多种外加剂时，须通过试验确定可行性。

（7）抗冻剂。抗冻剂可使混凝土在一定负温条件下水分不易冻结。

（8）加气剂。加气剂可改善混凝土的和易性，能提高抗渗性能，又能减轻混凝土自重。

（9）泵送剂。泵送剂能改善混凝土拌合物的泵送性能。

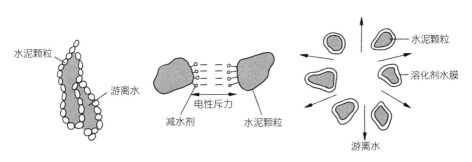

减水剂的作用原理

六、外掺料

外掺料一般为当地的工业废料或廉价地方材料，如粉煤灰、高炉矿渣粉、硅灰等。掺入适量外掺料可节约成本，还能消耗工业废料，有些外掺料还可改善混凝土的工作性能。外掺料掺量要经过试验确定，一般为水泥用量的5%～40%。

4.3.2 混凝土和易性

和易性是指混凝土在搅拌、运输、浇筑等施工过程中保持成分均匀、不分层离析，成型后混凝土密实均匀的性能。它包括流动性、黏聚性和保水性。

和易性好的混凝土，易于搅拌均匀；运输和浇筑时不发生离析泌水现象；振捣时，流动性大，易于捣实；成型后的混凝土内部质地均匀密实。混凝土施工时，要保证和易性满足要求。

一、混凝土和易性指标

混凝土可分为塑性混凝土和干性混凝土，塑性混凝土的和易性一般用坍落度测定，即灌满混凝土的坍落度桶提起后，混凝土因自重坍落的高度；干性混凝土的和易性用混凝土维勃稠度仪测量，分为超干硬性、特干硬性、干硬性、半干硬性四级。

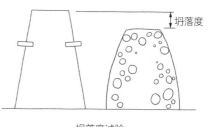

坍落度试验

二、影响混凝土和易性的因素

（1）水泥的影响。水泥颗粒越细，混凝土的黏聚性和保水性越好。

（2）用水量的影响。一般情况下，用水量越多，和易性越好；但用水量过多时，水泥浆过稀，将严重影响混凝土的强度和耐久性。

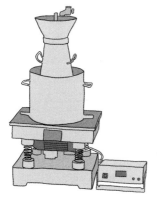

维勃稠度仪

（3）砂率的影响。砂率需要在合理范围内。砂率过大，水泥浆被较细的砂粒吸附，则流动性减少；砂率过小，砂子的体积不足以填满石子的空隙，石子间没有足够的砂浆润滑层，流动性、黏聚性和保水性均差。

（4）骨料性质的影响。卵石和河砂表面光滑，其拌合物的和易性比碎石和山砂的拌合物好。级配性好的骨料，拌制成的混凝土和易性好。

（5）外加剂的影响。加入减水剂或引气剂，流动性明显提高。

4.3.3　混凝土强度

混凝土的强度来源于原材料充分混合后，由水泥水化反应生成的填满骨料孔隙的硅酸钙化合物。

核心知识：需使水泥与骨料充分混合，且减少孔隙。

混凝土抗压强度是控制和评定混凝土质量的主要指标。混凝土抗压强度是以边长为150mm的立方体试件，在标准条件下（温度20℃±2℃、相对湿度在95%以上）养护28d后，用标准试验方法测得的极限抗压强度，称为混凝土标准立方体抗压强度，以f_{cu}表示。在立方体极限抗压强度总体分布中，具有95%强度保证率的立方体试件抗压强度，称为混凝土立方体抗压强度标准值，用$f_{cu,k}$表示。

强度试验试块养护

一、影响混凝土强度的主要因素

（1）水泥强度。水泥强度等级越高，混凝土强度越高。

（2）水灰比。水灰比越大，流动性越好，但水蒸发后形成的孔隙会降低混凝土强度。

（3）混凝土振捣。充分振捣的混凝土才能得到密实度大、强度高的混凝土。

（4）粗骨料的尺寸与级配。粗骨料尺寸越大，比表面积越小，强度越低；级配良好的骨料比级配不良的骨料有更高的强度。

（5）混凝土养护。养护温度、湿度合适时，混凝土强度发展较快。

（6）混凝土的龄期。混凝土的强度随龄期的增长而提高。正常养护情况下，前14d强度发展较快，以后逐渐减缓，28d后达到设计强度，此后还会增长。

二、混凝土其他特性

（1）抗渗性和抗冻性。混凝土多余水分蒸发留下的毛细通道会影响抗渗性和抗冻性。对抗渗性要求高的部位应采用防水混凝土。

（2）耐热性。混凝土在70℃以上的温度作用下，强度会降低。处于高温作用的结构，应配制耐热混凝土。

（3）干缩湿胀。混凝土在硬化过程中，其体积要收缩；但受潮后又会膨胀。混凝土过大的干缩会产生裂缝，应在设计、施工中注意。

4.3.4　混凝土配制

　　混凝土的配合比是指各原材料之间的比例关系，配合比对混凝土的性质有重要影响。

　　混凝土的配合比，应保证结构设计对混凝土强度等级及施工对混凝土和易性的要求，并应符合合理使用材料、节约水泥的原则。必要时，还应符合抗冻性、抗渗性等要求。

一、实验室配合比

　　混凝土的实验室配合比应满足相关规范的要求，且满足水灰比、坍落度、最小水泥用量、砂率等控制参数的要求。实验室按下式确定混凝土试配强度，并要求达到95%的保证率。

$$f_{cu,0} = f_{cu,k} + 1.645\sigma$$

式中　$f_{cu,0}$——混凝土的施工配制强度，MPa；

　　　　$f_{cu,k}$——设计的混凝土强度标准值，MPa；

　　　　σ　——施工单位的混凝土强度标准差，MPa，由统计资料获得。

试配出来的实验室配合比为水泥∶砂∶石∶水 = 1∶x∶y∶w。

二、施工现场配合比

　　实验室配合比是由干燥状态测得，而实际使用的砂石一般都含有水分，且含水量又会随气候条件发生变化。在施工过程中，应按水灰比保持不变的原则，扣除砂石含水量，调整实验室配合比以得到符合施工现场含水量的施工现场配合比。设水灰比为W/C，砂、石含水率分别为w_x、w_y，则施工配合比为：

　　水泥∶砂∶石∶水 = 1∶x（1+w_x）∶y（1+w_y）∶（w-xw_x-yw_y）。

　　对于施工现场的混凝土配料，要求计算出每一盘（拌）的各种材料下料量。混凝土下料一般要用称量工具称取，并要保证必要的精度。混凝土各种原材料每盘称量的允许误差：水泥、掺合料为 ±2%；粗、细骨料为 ±3%；水、外加剂为 ±2%。

　　★气候条件多变时，应经常性测量砂石含水量，根据含水量调整施工配合比。

4.3.5 混凝土搅拌

混凝土搅拌是指把混凝土原材料拌制成质地均匀、具备一定流动性的混凝土拌合物。混凝土的制备一般采用机械搅拌。

核心知识：常常选择混凝土搅拌站供应商品混凝土。

一、搅拌机的选择

（1）自落式搅拌机。使物料因重力作用自由落下，从而使物料颗粒分散拌和均匀，适用于搅拌塑性混凝土和低流动性混凝土。自落式搅拌机优点是磨损小，易清理，但效率较低。

（2）强制式搅拌机。利用搅拌筒内的叶片强制搅拌装在筒内的物料，将其拌和均匀，适用于搅拌干硬性混凝土和轻骨料混凝土。强制性搅拌机的优点是混凝土质量好，生产率高，操作简便，安全。商品混凝土搅拌站一般采用强制式搅拌机。

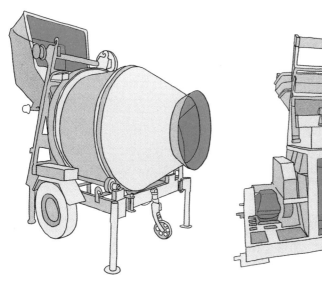

自落式搅拌机

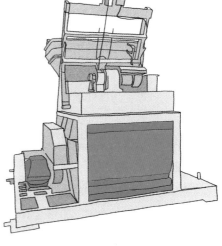

强制式搅拌机

二、搅拌制度

（1）搅拌时间。搅拌时间是指从全部材料投入搅拌筒中起，到开始卸料为止所经历的时间。在一定范围内混凝土强度随搅拌时间的延长而有所提高，但过长时间的搅拌既不经济也不合理。混凝土搅拌的最短时间如下表所示。

混凝土搅拌的最短时间（单位：s）

混凝土坍落度	搅拌机机型	搅拌机出料容量		
		<250L	250 ~ 500L	>500L
≤ 30mm	自落式	90	120	150
	强制式	60	90	120
>30mm	自落式	90	90	120
	强制式	60	60	90

注：掺有外加剂时，搅拌时间应适当延长。

（2）投料顺序。常用的投料方法有一次投料法和二次投料法，其投料顺序有所差别。

一次投料法是在上料斗中先装石子，再加水泥和砂，然后一次投入搅拌机。对自落式搅拌机要在搅拌筒内先加部分水，投料时砂压住水泥，使水泥不致飞扬；对立轴强制式搅拌机，应在投入原料的同时，缓慢、均匀、分散地加水。

二次投料法是先在搅拌机内投入砂、水泥和水，拌1min；再加石子，继续搅拌到规定时间。这种投料方法，水泥浆与骨料充分拌和均匀，能改善混凝土性能，提高混凝土的强度，在保证规定的混凝土强度的前提下可节约水泥。二次投料法比一次投料法可节约水泥15% ~ 20%，强度可提高10% ~ 15%。

二次投料法根据投入材料不同，分为预拌水泥砂浆法、预拌水泥净浆法、水泥裹砂石法（SEC）等。

（3）进料容量。一般以出料容量（m³）×1000标定搅拌机规格，而进料容量约为出料容量的1.5倍。如超载10%以上，就会使材料在搅拌筒内无充分的空间进行拌和，影响混凝土的和易性。反之，装料过少，又不能充分发挥搅拌机的效能。

三、混凝土搅拌站

许多城市在一定范围内已规定必须采用商品混凝土，不得现场拌制。混凝土拌合物在搅拌站集中拌制，可以做到自动上料、自动称量、自动出料和集中操作控制，机械化、自动化程度大大提高，使混凝土质量得到改善，同时工人劳动强度大大降低，可以取得较好的技术与经济效果。搅拌站供应半径为15～20km。

搅拌站根据其组成部分按竖向布置方式的不同分为单阶式和双阶式。在单阶式混凝土搅拌站中，原材料一次提升后经过贮料斗，然后靠自重下落进入称量和搅拌工序。建筑工地上设置的临时性混凝土搅拌站多属此类。双阶式工艺流程的特点是物料两次提升，可以有不同的工艺流程方案和不同的生产设备。

目前我国骨料多露天堆存，用拉铲、皮带运输机、抓斗等进行一次提升，经杠杆秤、电子秤等称量后，再用提升斗进行二次提升进入搅拌机进行拌和。

4.3.6 混凝土运输

混凝土运输是指将混凝土从搅拌站送到浇筑点的过程。

> 核心知识：做好混凝土运输方案，确保连续浇筑。

一、基本要求

（1）混凝土在运输过程中，不产生分层、离析现象；保证混凝土浇筑时具有设计规定的坍落度。

（2）混凝土应以最少的中转次数，最短的时间，从搅拌地点运至浇筑地点，使混凝土在初凝之前浇筑完毕。

（3）保证混凝土浇筑能连续进行。

（4）运送混凝土的容器应严密，其内壁应平整光洁，不吸水，不漏浆，黏附的混凝土残渣应经常清除，并应防止暴晒、雨淋和冻结。

（5）普通混凝土从搅拌机中卸出后到浇筑完毕的延续时间不宜超过下表的规定。

混凝土强度等级	延续时间 /min	
	气温不高于 25℃时	气温高于 25℃时
不高于 C30	120	90
高于 C30	90	60

二、运输工具

（1）地面水平运输。地面水平运输是指混凝土从搅拌站到工地的运输，一般用混凝土搅拌运输车。这类运输车上装置圆筒形的搅拌筒以运载混合后的混凝土。在运输过程中会始终保持搅拌筒转动，以保证所运载的混凝土不会凝固。搅拌站在场内，运输距离近时，有时也采用机动翻斗车运输。

（2）垂直运输。垂直运输是指混凝土从地面到浇筑层的运输，通常采用以下方法：

①物料提升架运输。把混凝土置于斗车中，通过井架或龙门架进行垂直运输。

②塔式起重机运输。将混凝土置于塔机料斗中，通过塔式起重机吊运。

③混凝土泵送运输。混凝土泵送运输是以混凝土泵为动力，通过管道、布料杆，将混凝土直接运至浇筑地点，兼顾垂直运输与水平运输。混凝土泵有活塞泵、气压泵和挤压泵等类型，而以活塞式应用较多。

混凝土输送泵装在汽车上时称为天泵，通过布料杆直接运输到浇筑地点，具有布料范围大，机动灵活的特点；混凝土输送泵独立固定放置在地面上时称为地泵，用泵送压力通过固定在墙上的管道运输到浇筑地点，实现垂直和水平的混凝土运输。

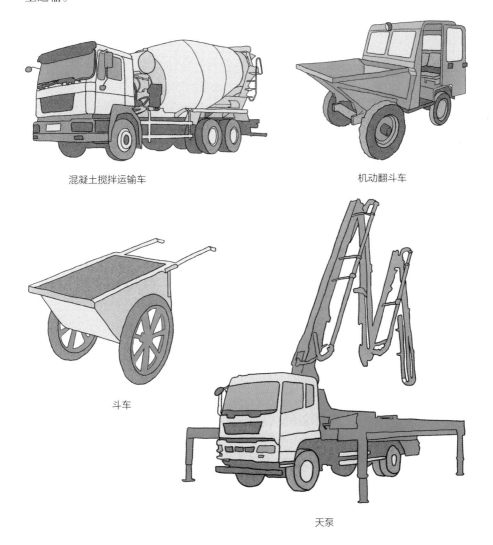

混凝土搅拌运输车 机动翻斗车

斗车 天泵

（3）高空水平运输。高空水平运输是指混凝土从楼面一端向另一端的水平运输。其常常在钢筋上铺木板，通过斗车运输；或者通过混凝土泵加布料杆的方法完成。

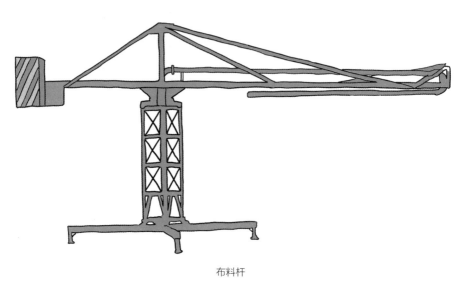

布料杆

三、泵送混凝土的要求

1.原材料的要求

（1）骨料最大粒径与输送管内径之比，碎石不宜大于 1∶3，卵石不宜大于 1∶2.5。

（2）通过 0.315 筛孔的砂不应少于 15%；砂率宜控制在 40% ~ 50%。

（3）最小水泥用量宜为 300kg/m³。

（4）混凝土的坍落度宜为 100 ~ 200mm。

（5）混凝土内宜掺加适量的外加剂以改善混凝土的流动性。

不同泵送高度入泵时混凝土坍落度选用值

泵送高度 /m	30 以下	30 ~ 60	60 ~ 100	100 以上
坍落度 /mm	100 ~ 140	140 ~ 160	160 ~ 180	180 ~ 200

2.施工的要求

（1）混凝土宜连续供应，避免堵塞。

（2）混凝土输送管道一般用钢管制成，管道布置时应符合"路线短、弯道少、接头密"的原则，实际输送管道由直管、弯管、锥形管、软管等组成。

（3）泵送前用适量的水泥砂浆润滑输送管道内壁。

（4）料斗内有足够混凝土，防止空气混入形成堵塞。

（5）泵送结束要及时清洗泵体和管道。

（6）用混凝土泵浇筑的结构物，要加强养护，防止因水泥用量较大而引起开裂。如混凝土浇筑速度快，对模板的侧压力大，模板和支撑应保证稳定和有足够的强度。

3.泵送混凝土的操作要点

（1）支撑混凝土泵的地面应平整坚实，工作过程不应倾斜，支腿能稳定地支撑整机，并能可靠地锁住或固定。

（2）应根据施工场地特点及混凝土浇筑方案配管，配管设计时要校核管路的水平换算距离是否与混凝土泵的泵送距离相适应。

（3）需垂直向上配管时，随着高度的增加势能也增加，混凝土存在回流趋势，因此应在混凝土泵与垂直配管之间铺设一定长度的水平管道，以保证有足够阻力阻止混凝土回流。

（4）随着泵送压力的增大，泵送冲击力将迫使管道来回移动，必须对管道加以固定。

（5）在炎热季节施工时，宜用湿草袋、湿罩布等物覆盖混凝土输送管以避免阳光直接照射，可防止混凝土因坍落度损失过快而造成堵管。

（6）在严寒地区的冬季进行混凝土泵送施工时，应采取适当的保温措施，宜用保温材料包裹混凝土输送管，防止管内混凝土受冻。

★混凝土运输要避开上下班高峰期，以免因堵车造成延误。

4.3.7　混凝土浇筑

混凝土浇筑要保证混凝土的均匀性和密实性，要保证结构的整体性，保证尺寸准确和钢筋、预埋件的位置正确，拆模后混凝土表面要平整、密实。

核心知识：混凝土浇筑要确保均匀性，防止离析。

一、浇筑前的准备工作

（1）对模板及其支架、钢筋、预埋件和预埋管线必须进行检查，并做好隐蔽工程的验收，符合设计要求后方能浇筑混凝土。

（2）在地基或基土上浇筑混凝土时，应清除淤泥和杂物，并应有排水和防水措施。对干燥的非黏性土，应用水湿润；对未风化的岩石，应用水清洗，但其表面不得有积水。

（3）在浇筑混凝土之前，模板内的杂物和钢筋上的油污等应清理干净；对模板的缝隙及孔洞应予堵严；对木模板应浇水湿润，但不得有积水。

隐蔽工程验收

（4）在混凝土施工阶段，要保证水、电、照明不中断。

二、混凝土浇筑的要求

（1）防止离析。

离析是指混凝土拌合物成分相互分离的现象，通常表现为砂浆与粗骨料分离，离析会使混凝土强度大幅度下降以及影响施工性能。

① 混凝土应在初凝前浇筑，如已有初凝现象或离析现象，也应重新拌和后才能浇筑。

② 混凝土自高处倾落的自由高度不应超过2m，在钢筋混凝土柱和墙中自由倾落高度不宜超过3m，否则应设串筒、溜槽、溜管或振动溜管等下料。

③ 浇筑竖向结构混凝土前，底部应先浇入50~100mm与混凝土成分相同的水泥砂浆，以避免产生蜂窝麻面等缺陷。

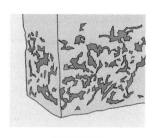

混凝土离析

串筒

溜管

（2）分层浇筑。

① 混凝土必须分层浇筑，分层振捣，浇筑层的厚度应符合下表的要求。

项次	捣实混凝土的方法	浇筑层厚度/mm
1	插入式振动	振动器作用部分长度的 1.25 倍
2	表面振动	200
3	人工振捣：（1）在基础或无筋混凝土和配筋较少的结构中 （2）在梁、墙、柱中 （3）在配筋密集的结构中	250 200 150
4	轻骨料混凝土振捣：（1）用插入式振动器 （2）用表面振动（振动时需加荷）器	300 200

② 应在前层混凝土凝结前，将次层混凝土浇筑完毕，以保证混凝土的密实性和整体性。混凝土应连续浇筑，尽量缩短间歇时间。运输＋浇筑＋间歇的允许时间如下表。

混凝土强度等级	气温≤25℃	气温>25℃	
≤C30	210min	180min	超过允许时间应留施工缝
>C30	180min	150min	

③ 正确留置施工缝。

三、混凝土框架结构的浇筑方法

首先要划分施工层和施工段，施工层一般按结构层划分，而每一施工层如何划分施工段，则要考虑工序数量、技术要求、结构特点等。在每层每段中，浇筑顺序

为先浇筑柱，后浇梁、板。

（1）框架柱基础浇筑。柱基础形式多为台阶式，一般按台阶分层一次浇筑完毕，不允许留设施工缝。

（2）柱的浇筑。浇筑柱子时，施工段内的每排柱子应由外向内对称地依次浇筑，不要由一端向一端推进，预防柱子模板因湿胀造成受推倾斜而使误差积累难以纠正。

（3）梁、板的浇筑。梁和板一般应同时浇筑，顺次梁方向从一端开始向前推进。只有当梁高大于1m时才允许将梁单独浇筑，此时的施工缝留在楼板板面下20～30mm处。与柱连成整体的梁或板，应在柱浇筑完毕后停歇1～1.5h，使其获得初步沉实，排除泌水，而后再继续浇筑梁或板。

（4）楼梯的浇筑。自下而上依次浇筑，必须留置施工缝时，应在楼梯长度中间的1/3范围内。

（5）剪力墙浇筑。注意门窗洞口应两侧同时下料，浇筑高差不能太大，以免门窗洞口发生位移或变形。应先浇筑窗台下部，后浇窗间墙，以防窗台下部出现蜂窝孔洞。

（6）浇筑过程中保证钢筋保护层厚度、位置和结构尺寸的准确。

基础浇筑　　　　　　　　　　　　　　梁板浇筑

4.3.8 施工缝与后浇带

施工缝是指在混凝土浇筑过程中，因设计要求或施工需要分段浇筑而在先、后浇筑的混凝土之间所形成的接缝。

核心知识： 凿毛增加了接触面积，使施工缝新旧混凝土之间充分结合。

一、施工缝留设原则

（1）施工缝应设置在结构受剪力较小且便于施工的部位。

（2）柱应留水平缝，梁、板、墙应留垂直缝。

二、施工缝留设位置

（1）柱子留在基础的顶面、梁或吊车梁牛腿的下面、吊车梁的上面、无梁楼板柱帽的下面。

（2）与板连成整体的大截面梁，施工缝留在板底面以下20~30mm处。当板下有梁托时，留在梁托的下面。

（3）单向板的施工缝留置在平行于板的短边的任何位置。

（4）有主次梁的楼板，应顺着次梁方向浇筑，施工缝应留在次梁跨度的中间1/3范围内。

（5）墙体的施工缝留置在门洞口过梁跨中1/3范围内，也可留在纵横墙的交接处。

（6）双向受力楼板、大体积混凝土结构、拱、薄壳、蓄水池等，施工缝的位置应按设计要求留置。

（7）承受动力作用的设备基础，不宜留置施工缝，当必须留置时，应征得设计单位的同意。

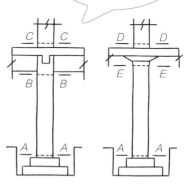

（a）梁板式结构　　（b）无梁楼盖结构

柱子施工缝位置

柱底施工缝

柱顶施工缝

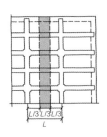

有主次梁板盖的施工缝位置

梁施工缝

板施工缝

三、施工缝的处理

（1）已浇筑的混凝土，其抗压强度应达到1.2N/mm²以上，方可浇筑新的混凝土。

（2）表面清理。在已硬化的混凝土表面上，应清除水泥薄膜和松动石子以及软弱混凝土层，凿毛并充分湿润和冲洗干净，且不得有积水。

（3）铺浆。在浇筑混凝土前，宜先在施工缝处铺一层水泥浆或与混凝土内成分相同的水泥砂浆。

（4）浇筑与捣实。在重新浇筑混凝土的过程中，施工缝处应仔细捣实，使新旧混凝土结合牢固。

四、后浇带

后浇带是现浇混凝土结构施工过程中，为克服温度、收缩、不均匀沉降等因素可能产生有害裂缝而设置的临时施工缝。

（1）间距：后浇带每30~50m设置一道，宽度700~1000mm，后浇带内的钢筋应完好保存，后浇带保留时间至少28d。

（2）处理：后浇带的浇筑时间宜选择气温较低时，应采用强度等级比构件强度高一级的微膨胀混凝土，防止新老混凝土之间出现裂缝，形成薄弱部位。后浇带需要养护14d以上。

混凝土凿毛

后浇带模板支设

后浇带留设

4.3.9 大体积混凝土浇筑

大体积混凝土是指构件的最小断面尺寸在1m以上的混凝土结构。大体积混凝土的浇筑必须采取相应的防裂技术措施，防止水泥水化热引起的混凝土内外温差过大造成的混凝土裂缝。

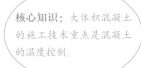

核心知识：大体积混凝土的施工技术重点是混凝土的温度控制。

一、大体积混凝土的施工特点

（1）整体性要求较高，一般要求混凝土连续浇筑，不允许留施工缝。

（2）水泥的水化热量大，积聚在内部造成内部温度升高，而结构表面散热较快，由于内外温差大，易在混凝土表面产生裂缝。

二、温度控制指标

（1）混凝土浇筑体在入模温度基础上温升值不宜大于50℃。

（2）混凝土浇筑体的内外温差不宜大于25℃。

（3）混凝土浇筑体的降温速率不宜大于2℃/d。

（4）混凝土浇筑体表面与大气温差不宜大于20℃。

三、大体积混凝土的浇筑方案

（1）全面分层。面积小而厚度大时采用。要求次层混凝土在前层混凝土初凝前浇筑完毕。

（2）分段分层。面积大但厚度小时采用。将结构分为若干段，每段又分为若干层，要求次层混凝土在前层混凝土初凝前浇筑完毕。

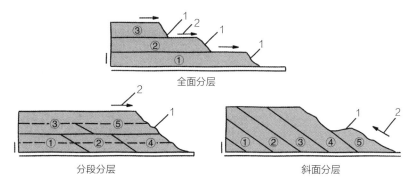

全面分层

分段分层　　　　　　　　　　斜面分层

①～⑤—各施工分段；1—新浇筑的混凝土；2—浇筑方向

（3）斜面分层。当结构的长度超过厚度的3倍时，可采用斜面分层的浇筑方案。

四、大体积混凝土的裂缝防治措施

1.减少水化热的措施

（1）应选用低水化热的矿渣水泥、火山灰水泥或粉煤灰水泥。

（2）外加剂宜采用缓凝剂、减水剂；掺合料宜采用粉煤灰、矿渣粉等。

（3）采取人工降温措施，如采用风冷却，或向搅拌用水中投冰块以降低水温，但不得将冰块直接投入搅拌机。

（4）在炎热的夏季，混凝土浇筑时的温度不宜超过28℃；最好选择在夜间气温较低时浇筑。

2.增加通风散热的措施

（1）扩大浇筑面和散热面，降低浇筑速度或减小浇筑厚度。

（2）可在混凝土内部埋设冷却水管，用循环水来降低混凝土温度。

（3）在混凝土入模时，采取措施改善和加强模内的通风，加速模内热量的散发。

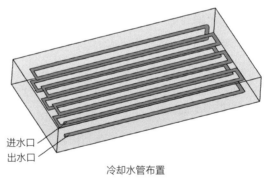

进水口
出水口

冷却水管布置

3.其他措施

（1）设置临时伸缩缝的"后浇带"来控制裂缝的开展。

（2）在混凝土表层以及内部设置若干个温度观测点，加强观测。

（3）加强混凝土保温、保湿养护，严格控制大体积混凝土的内外温差。

混凝土内部设置测温点

4.3.10 混凝土振捣

混凝土浇入模板以后是较疏松的，里面含有空气与气泡，不能达到要求的密度。因此，混凝土入模后，还需经密实成型。

> **核心知识**：振捣的目的是除去气体，确保密实度。

1.混凝土拌合物密实成型方法

（1）借助机械外力（如机械振动）来克服拌合物的剪应力而使之液化。

（2）在拌合物中适当多加水以提高其流动性，使之便于成型，成型后用离心法、真空作业法等将多余的水分和空气排出。

（3）在拌合物中掺入高效能减水剂，大大增加坍落度，可自流浇筑成型。

2.振动机械

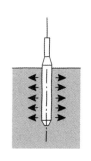

（1）内部振动器。常用以振实梁、柱、墙等平面尺寸较小而深度较大的构件和体积较大的混凝土。操作要点是：直上直下，快插慢拔；插点要均布，切勿漏点插；上下要插动，层层要扣搭；时间掌握好，密实质量佳。

（2）外部振动器。直接安装在模板外侧的横档或竖档上。振动作用的深度小（约250mm），仅适用于钢筋较密、厚度较小以及不宜使用插入式振动器的结构和构件中，并要求模板有足够的刚度。

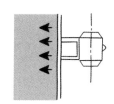

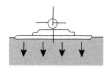

（3）表面振动器。放在混凝土表面进行振捣，其作用深度较小（150～250mm），仅适用于表面积大而平整、厚度小的结构构件或预制构件，如楼地面、屋面等。

（4）振动台。是一个支承在弹性支座上的工作平台，在平台下面装有振动机构，用于混凝土试验。

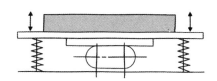

> ★在浇筑混凝土的过程就要振捣，振到表面出浆为止。

4.3.11 混凝土养护

混凝土浇捣后，之所以能逐渐凝结硬化，是因为水泥水化作用的结果，而水化作用则需要适当的温度和湿度条件。因此，为了保证混凝土有适宜的硬化条件，使其强度不断增长，必须对混凝土进行养护。

> **核心知识：** 混凝土必须养护到强度达到 1.2MPa 方可上人。

一、养护时间

混凝土浇筑完毕、终凝后就应开始养护，对于干硬性混凝土应于浇筑完毕后立即进行养护。对硅酸盐水泥、普通水泥和矿渣水泥拌制的混凝土，养护时间不得少于 7 天，对火山灰硅酸盐水泥、粉煤灰硅酸盐水泥拌制的混凝土，养护时间不少于 14 天，对掺有缓凝型外加剂或有抗渗性要求的混凝土，养护时间不得少于 14 天。

二、养护方式

（1）洒水养护。洒水养护宜在混凝土裸露表面覆盖麻袋或草帘后进行，也可以采用直接洒水、蓄水等养护方式。洒水养护应保证混凝土表面处于湿润状态；浇水次数以能保持混凝土具有足够的湿润状态为宜；养护用水应与拌制用水相同。

（2）覆盖养护。覆盖养护时，宜在混凝土裸露表面覆盖塑料薄膜、塑料薄膜及麻袋、塑料薄膜及草帘。塑料薄膜应紧贴混凝土裸露表面，膜内应保持凝结水状态。

（3）喷涂养护。应在混凝土裸露表面喷涂覆盖致密的养护剂进行养护。养护剂应均匀喷涂在结构构件表面，不得漏喷，养护剂应有可靠的保湿效果，保湿效果应通过试验检验。

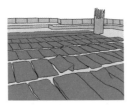
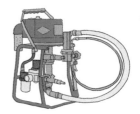

洒水水枪　　　　　　覆盖养护　　　　　　喷涂机

★对预制构件，可采用高温高湿环境下的蒸汽养护，大大减少养护时间。

4.3.12 混凝土质量检查

混凝土质量检查包括施工中检查和施工后检查。施工中检查主要是对混凝土拌制和浇筑过程中所用材料的质量、用量、搅拌地点和坍落度等的检查，对混凝土的搅拌时间也应随时检查。施工后主要是对混凝土进行外观质量检查及强度检验，对有抗冻性、抗渗性要求的混凝土，还应进行相应性能的检查。

核心知识: 混凝土强度是核心指标，必须满足要求。

一、外观检查

（1）表面——无麻面、蜂窝、孔洞、露筋、缺棱掉角、缝隙夹层等缺陷。

（2）尺寸偏差——位置、标高、截面尺寸，垂直度、平整度，预埋设施、预留孔洞。

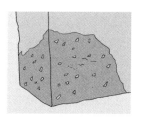

麻面

蜂窝

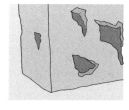

孔洞

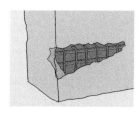

露筋

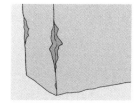

缺棱掉角

二、外观缺陷的处理

（1）表面抹浆修补法。对数量不多的小蜂窝、麻面、露筋、露石的混凝土表面缺陷，可用1:（2~2.5）水泥砂浆抹面修整。

（2）细石混凝土填补法。当蜂窝比较严重或露筋较深时，应除去有缺陷处的不密实混凝土和突出的骨料颗粒，用清水洗刷干净并充分湿润后，再用比设计强度等级高一级的细石混凝土填补并仔细捣实。

（3）灌浆填补法。对于影响结构承载力和影响防水、防渗性能的裂缝，应根据裂缝的宽度、结构性质和施工条件，采用砂浆输送泵灌浆的方法予以修补或用环氧树脂注浆修补。

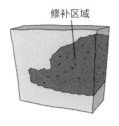

表面抹浆修补　　　　　　　细石混凝土填补　　　　　　　灌浆填补

三、强度检查

（1）标准养护——检查混凝土是否到达设计强度等级。标准养护所采试样尺寸为150mm的方形试件，在标准状态下养护28天，再通过抗压强度试验确定强度。判定标准强度的试块，应在浇筑点随机抽样制成，不得挑选。每100盘、每100m^3、每工作班、每楼层、每一验收项目的同配比混凝土取样不少于一次。每次标准试件至少一组，每组三个试件。

制样　　　　　　　　　　　　　　　　同条件养护

（2）同条件养护——检查施工各阶段混凝土的强度。同条件养护所采试样在施工现场养护到约定时间，通过抗压强度试验确定强度，可为结构构件的拆模、出池、出厂、吊装、张拉及施工期间的临时负荷确定混凝土的实际强度。同条件养护试件的留置组数应根据实际需要确定。

★如果对混凝土试件强度的代表性表示怀疑的时候可以采用非破损方法进行检验，例如回弹法，超声法和取芯法等。

4.3.13 混凝土冬期施工

室外日平均气温连续5天稳定低于5℃或最低气温低于0℃时，即进入冬期施工。

> **核心知识**：混凝土冬期施工需要早强、升温。

一、冬期施工的问题

（1）低温时水化反应减慢，强度增长慢。

（2）零度以下水会结冰，体积约增大9%，产生冻胀应力。这个应力值常常大于水泥石内部形成的初期强度值，使混凝土受到不同程度的破坏。

（3）当水变成冰后，还会在骨料和钢筋表面上产生颗粒较大的冰凌，减弱水泥浆与骨料和钢筋的黏结力，从而影响混凝土的抗压强度。当冰凌融化后，又会在混凝土内部形成各种空隙，而降低混凝土的密实性及耐久性。

二、冬期施工的工艺要求

（1）材料的选择与加热。

① 冬期施工中配制混凝土用的水泥，应优先选用活性高、水化热大的硅酸盐水泥和普通硅酸盐水泥，最小水泥用量不宜少于300kg/m³，水灰比不应大于0.6。

② 混凝土所用骨料必须清洁，不得含有冰雪等冰结物及易冻裂的矿物质。

③ 冬期浇筑的混凝土，宜使用无氯盐类防冻剂，对抗冻性要求高的混凝土，宜使用引气剂或引气减水剂。

④ 冬期施工对组成混凝土材料的加热，应优先考虑水的加热。当水加热仍不能满足要求时，再对骨料进行加热。

（2）混凝土的搅拌、运输和浇筑。

① 混凝土的搅拌。混凝土不宜露天搅拌，应尽量搭设暖棚，优先选用大容量的搅拌机，以减少混凝土的热损失。

② 混凝土的运输。运输混凝土所用的容器应有保温措施，运输时间应尽量缩

短，以保证混凝土的浇筑温度不得低于5℃。

③混凝土的浇筑。混凝土在浇筑前，应清除模板和钢筋上的冰雪和污垢，尽量加快混凝土的浇筑速度，防止热量散失过多。当采用加热养护时，混凝土养护前的温度不得低于2℃。

（3）混凝土的养护。混凝土的养护要保证其在受冻前达到足以抵抗冻胀应力的临界强度。

三、冬期施工方法

（1）蓄热法。将混凝土的原材料（水、砂、石）预先加热，经过搅拌、运输、浇筑成形后的混凝土仍能保持一定的正温度，随后以适当材料覆盖保温，防止热量散失过快，充分利用水泥的水化热，使混凝土在正温条件下增长强度。蓄热法主要用于气温不低于−15℃，结构比较厚、大的工程。

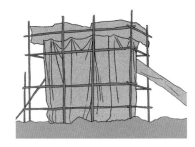

蓄热法

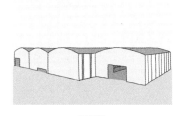

暖棚法

（2）暖棚法。暖棚法是指在混凝土浇筑地点用保温材料搭设暖棚，在棚内采暖，使温度提高，混凝土养护如同在常温中一样。暖棚法能耗高、成本大，适用于地下工程、混凝土集中的工程。

（3）加热养护法。加热方式包括火炉加热、蒸汽加热、电加热和红外线加热。加热养护法主要用于气温−10℃以下，而构件并不厚、大的工程。通过加热混凝土构件周围的空气，将热量传给混凝土，或直接对混凝土加热，使混凝土处于正温条件下正常硬化。加热养护法耗能多，费用高，混凝土强度增长快；使用时需严格控制升降温速度。

（4）掺外加剂法。该方法是指掺入抗冻、早强、催化、减水剂等单一或复合外加剂，使混凝土在负温下继续硬化，而无需采取任何加热保温措施。掺外加剂法可以简化施工、节约能源，还可改善混凝土的性能。但需注意，氯化物对钢筋有腐蚀作用，要严格限制氯化物外加剂掺量。

混凝土抗冻剂

掺外加剂法

4.3.14　混凝土雨期施工

一、雨期施工的特点

（1）雨期施工的开始具有突然性，需要提前做好施工准备和防范措施。

> 核心知识：无雨大干，小雨抢干，大雨不干。

（2）雨期施工带有突击性，雨水对结构和基础的浸泡和冲刷具有严重破坏，必须迅速及时保护，以免发生质量事故。

（3）雨期施工往往延续时间长，从而影响工期。

（4）雷电易造成伤亡，雨天注意防雷。

二、雨期施工的措施

（1）大面积的混凝土浇筑前，要了解2~3d的天气预报，尽量避开大雨。混凝土浇筑现场要预备大量防雨材料，以备浇筑突然遇雨时进行覆盖。

（2）加强对水泥材料防雨防潮工作的检查，对砂石骨料进行含水量的测定，及时调整施工配合比。

（3）模板隔离层在涂刷前要及时掌握天气状况，以防隔离层被雨水冲掉；加强对模板有无松动变形及隔离剂的情况的检查，特别是对其支撑系统的检查，及时加固处理；雨后及时检查有无下沉。

（4）雨期浇筑混凝土，遇小雨时，混凝土运输和浇筑均要采取防雨措施，随浇筑随振捣，随覆盖防水材料。遇大雨时，应提前停止浇筑，按要求留设好施工缝，并把已浇筑部位加以覆盖，以防雨水的进入。雨后施工时，对施工缝进行处理后，再进行浇筑。

（5）雨期施工，要做好防雷击、防触电、防坍塌措施。

雨期施工

4.4 预应力混凝土工程

4.4.1 预应力混凝土原理

梁构件在自重均布荷载及上部荷载作用下，梁身受弯，跨中有最大弯矩 $M = ql^2/8$，其中 q 为荷载的集度，l 为跨距。在弯矩的作用下，构件上部承受压应力，下部承受拉应力，拉应力 $\sigma = M/W$，其中 W 为截面抵抗矩，为与截面尺寸有关的常数。

> **核心知识**：通过给混凝土施加预压应力，增加构件受拉承载力。

一、预应力混凝土原理

若采用素混凝土作为梁身材料，由于混凝土抗压强度高，抗拉强度低，构件受弯后从跨中底部受拉应力最大处发生破坏。

在梁的下部加入受力钢筋后，形成普通钢筋混凝土梁。此时，钢筋和混凝土共同工作，由钢筋承受拉应力，混凝土承受拉应力，按钢筋和混凝土同时达到受力极限设计梁构件的承载力。

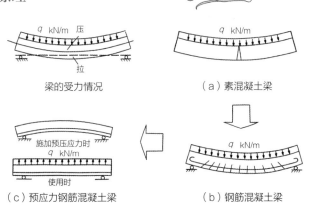

梁的受力情况

（a）素混凝土梁

（b）钢筋混凝土梁

（c）预应力钢筋混凝土梁

材料技术的进步，使预应力钢筋承载能力大大提高，能承受普通钢筋几倍的荷载。但是，预应力钢筋用于梁构件受力时，往往难以充分发挥全部强度。其原因是混凝土极限拉应变低，在使用荷载作用下，构件中钢筋的应变大大超过了混凝土的极限拉应变，引起混凝土的破坏。

混凝土抗拉性能很差，普通钢筋混凝土的抗拉极限应变只有 0.0001 ~ 0.0015，在正常使用条件下受拉区混凝土开裂，构件的刚度小、挠度大。要使混凝土不开裂，受拉钢筋的应力只能达到 30MPa；对允许出现裂缝的构件，当裂缝宽度限制在

0.2～0.3mm时，受拉钢筋的应力也只能达到200MPa左右。

为了充分利用高强度材料，弥补混凝土与钢筋拉应变之间的差距，人们把预应力运用到钢筋混凝土结构中去。

预应力混凝土的原理是，在外荷载作用于构件之前，对构件受拉区的混凝土预先施加压力，使混凝土产生受压变形。当构件在荷载作用下产生拉应力时，首先抵消预压力，然后随着荷载不断增加，受拉区混凝土才受拉开裂，从而延迟了构件裂缝的出现和限制了裂缝的开展，因此增加了构件的承载力。对混凝土的预压同时也提高了构件的抗裂度和刚度。

因此，同截面的预应力混凝土比普通混凝土具有更高的承载力，承受相同荷载时预应力混凝土的截面可以做得更小，从而达到节省材料的效果。

二、预应力混凝土的优点和缺点

优点：有效利用高强度钢材，提高结构的抗裂度和刚度，减小构件的截面尺寸，节省材料，提高结构的耐久性。

缺点：施工难度加大，需专用的施工设备和机具，操作要求严格，技术水平要求高。

 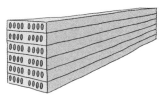

| 预应力管桩 | 预应力梁 | 预应力板 |

三、预应力混凝土的分类

（1）按预应力施工方式，分为先张法预应力混凝土和后张法预应力混凝土。先张法是指先张拉钢筋，浇筑混凝土并达到一定强度后再放张，通过钢筋的回缩获得预应力；后张法是指预留孔洞，浇筑混凝土并达到强度后在孔洞中穿筋，再施加预应力压紧混凝土，从而获得预应力。

（2）按预应力大小，分为全预应力混凝土和部分预应力混凝土。全预应力是指在使用荷载作用下，构件截面混凝土不出现拉应力，即全截面受压；部分预应力是指在使用荷载作用下，构件截面混凝土允许出现拉应力或开裂，即只有部分截面受压。

4.4.2 先张法和后张法

先张法施工是指在浇筑混凝土构件之前，先张拉预应力筋，将其临时锚固在台座或钢模上，然后浇筑混凝土构件，待混凝土达到一定强度（一般不低于混凝土强度标准值的80%），预应力筋与混凝土间有足

> **核心知识：**先张法要放张，后张法不能放张。

够黏结力时，放松预应力，预应力筋弹性回缩，借助于混凝土与预应力筋间的黏结，对混凝土产生预压应力。先张法多用于预制构件厂生产定型的中小型构件。

后张法施工是指在浇筑混凝土构件时，在预应力筋的部位预先留出孔道，接着浇筑混凝土并进行养护；然后将预应力筋穿入孔道，待混凝土达到设计规定的强度后，利用张拉设备张拉预应力筋，并用锚具将其锚固在构件端部，使混凝土产生预压应力；最后进行孔道灌浆与封头。这种方法广泛应用于大型预制预应力混凝土构件和现浇预应力混凝土结构工程。

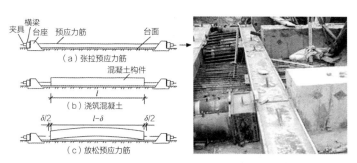

（a）张拉预应力筋

（b）浇筑混凝土

（c）放松预应力筋

先张法施工

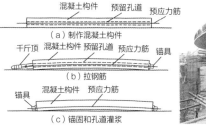

（a）制作混凝土构件

（b）拉钢筋

（c）锚固和孔道灌浆

后张法施工

★后张法通过混凝土封头阻止预应力筋继续变形，保证预应力值。

4.4.3 预应力筋

预应力筋按材料类型可分为：钢丝、钢绞线、钢筋等。其中，以钢绞线与钢丝采用最多。

预应力筋的发展趋势为高强度、低松弛、粗直径、耐腐蚀。

核心知识：预应力钢绞线在各类预应力筋中应用最广。

一、预应力筋的要求

（1）强度越高越好；

（2）预应力筋必须有一定的塑性，同时还要求具有良好的加工性能；

（3）与混凝土有良好的黏结性能；

（4）具有低松弛应力效应。

二、预应力筋的种类

（1）预应力钢丝。常用的预应力钢丝有螺旋肋钢丝和刻痕钢丝。

螺旋肋钢丝是通过专用拔丝模冷拔使钢丝表面沿长度方向产生规则间隔肋条的钢丝。直径为 4~9mm，标准抗拉强度 1570~1770N/mm²。螺旋肋能增加与混凝土的握裹力，可用于先张法构件。

刻痕钢丝是用冷轧或冷拔方法使钢丝表面产生周期性变化的凹痕或凸纹的钢丝。直径为 5~7mm，标准抗拉强度 1570N/mm²。钢丝表面的凹痕或凸纹能增加与混凝土的握裹力，可用于先张法构件。

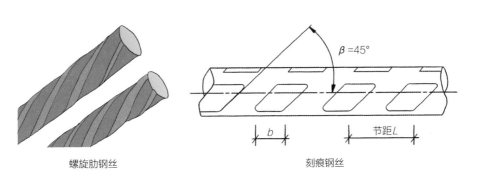

螺旋肋钢丝 刻痕钢丝

（2）钢绞线。钢绞线是由多根碳素钢丝在绞线机上成螺旋形绞合，并经低温回火消除应力制成。钢绞线的整根破断力大、柔性好，施工方便。常见的钢绞线为光面钢绞线和无黏结钢绞线。

常用光面钢绞线的规格有 1×3 和 1×7 两种，直径为 8.6~15.2mm，标准抗拉强度 1570~1860N/mm^2。后张法预应力构件均采用 1×7 钢绞线，1×3 钢绞线仅用于先张法构件。

无黏结钢绞线是用防腐润滑油脂涂敷在钢绞线表面、外包塑料护套制成的，主要用于后张法中作为无黏结预应力筋，也可用于暴露或腐蚀环境中作为拉索等。

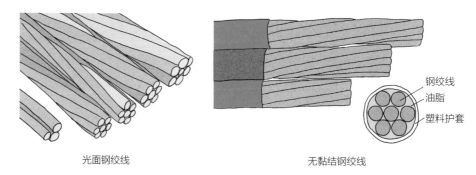

钢绞线
油脂
塑料护套

光面钢绞线　　　　　　　　　　　　无黏结钢绞线

（3）热处理钢筋。热处理钢筋是由普通热轧中碳低合金钢筋经淬火和回火调质热处理制成的钢筋。具有高强度、高韧性和高黏结力等优点，直径为 6~10mm。成品钢筋为直径 2m 的弹性盘卷，开盘后自行伸直，每盘长度为 100~120m。热处理钢筋的螺纹外形，有带纵肋和无纵肋两种。

（4）精轧螺纹钢筋。精轧螺纹钢筋是用热轧方法在钢筋表面上轧出不带肋的螺纹外形的钢筋。钢筋的接长用连接螺纹套筒，端头锚固用螺母。精轧螺纹钢筋具有锚固简单、施工方便、无须焊接等优点。目前国内生产的精轧螺纹钢筋品种有 $\phi 25$ 和 $\phi 32$，其屈服点为 750MPa 和 900MPa 两种。

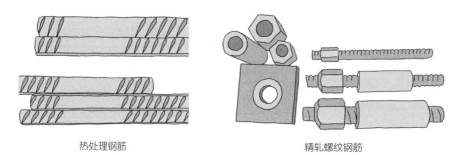

热处理钢筋　　　　　　　　　　　　精轧螺纹钢筋

4.4.4 夹具、锚具与连接器

夹具又称工具锚，一般用于先张法生产预应力构件，是预应力筋张拉和临时固定的工具，使用后能够拆除并能重复使用。

核心知识：夹具和锚具受力时，不能发生位移。

锚具又称工作锚，一般用于后张预应力结构，是预应力筋张拉和永久固定在预应力混凝土构件上的传递应力的工具。

一、夹具

（1）锚固夹具。锚固夹具将预应力筋锚固在台座或钢模上。

① 锥形夹具。锥形夹具用来锚固预应力钢丝，由中间开有圆锥形孔的套筒和刻有细齿的锥形齿板或锥销组成。

② 镦头夹具。采用镦头夹具时，将预应力筋端部热镦或冷镦，通过承力分孔板锚固。

③ 钢筋锚固夹具。锚固钢筋常用穿心式夹具，通常由圆套筒和圆锥形夹片组成，套筒内壁呈圆锥形，与夹片锥度相吻合，夹片有两片式和三片式。

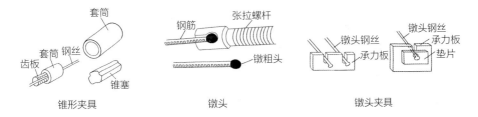

锥形夹具　　　　　　镦头　　　　　　镦头夹具

（2）张拉夹具。张拉夹具是在张拉时用来夹持预应力筋的工具。当张拉多根预应力钢丝时，通常在张拉端采用镦头梳筋板夹具。当张拉单根钢丝时，常用的张拉夹具主要有偏心式夹具和压销式夹具。

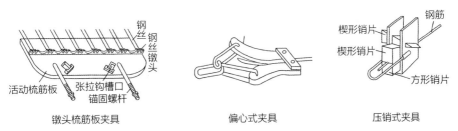

镦头梳筋板夹具　　　　偏心式夹具　　　　压销式夹具

二、锚具

（1）锚具按锚固原理，分为夹片式、支承式（螺丝端杆锚具、镦头锚具等）、锥塞式（钢质锥形锚具、槽销锚具等）、握裹式（挤压锚具、压花锚具等）。

（2）夹片式锚具常组合成圆柱体多孔锚具或长方形扁锚，一次可以张拉多根预应力筋，效率非常高。

夹片式锚具　　　　　　螺丝杆端锚具　　　　　　挤压锚具

压花锚具　　　　　　多孔夹片锚具　　　　　　连接器

三、连接器

连接器是用于连接预应力筋的装置，连接器要满足锚具的性能要求。

四、质量检验

预应力筋锚具、夹具，应有出厂合格证，进场时应按下列规定进行验收：

（1）验收批次规定。在同种材料和同一生产条件下，锚具、夹具应以不超过1000套组为一个验收批。

（2）外观检查。从每批中抽取10%但不少于10套的锚具，检查其外观和尺寸。当有一套表面有裂纹或超过规定尺寸的允许偏差时，应另取双倍数量的锚具重做检查，如仍有一套不符合要求，则不得使用或逐套检查，合格者方可使用。

（3）硬度检查。从每批中抽取5%但不少于5套的锚具，对其中有硬度要求的零件做试验。每个零件测试3点，其硬度应在设计要求范围内。如有一个零件不合格时，应另取双倍数量的零件重做试验，如仍有一个零件不合格，则不得使用或逐个检查，合格者方可使用。

（4）静载锚固性试验。外观与硬度检查合格后，从同批中抽6套锚具（夹具）与预应力筋组成三个预应力筋锚具（夹具）组装件，进行静载锚固性能试验。

4.4.5　张拉设备

用于预应力张拉的设备主要有电动张拉设备和液压张拉设备两大类。

一、电动张拉设备

（1）电动螺杆张拉机。电动螺杆张拉机主要由张拉螺杆、电动机、变速箱、测力装置、拉力架和张拉夹具等组成，最大张拉力30～60t，张拉行程800mm，张拉速度2m/min。

（2）电动卷扬张拉机。电动卷扬张拉机主要由电动卷扬机、弹簧测力计、电器自动控制装置及专用夹具等组成，操作时按张拉力预先标定弹簧测力计，开动卷扬机张拉钢丝，当达到预定张拉力时电源自动断开，实现张拉力自动控制。

二、液压张拉设备

（1）穿心式千斤顶。穿心式千斤顶是一种利用双液压缸张拉预应力筋和顶压锚具的双作用千斤顶，主要由张拉油缸、顶压油缸、顶压活塞和回程弹簧等分组成，是目前我国预应力混凝土构件施工中应用最为广泛的张拉机械。

（2）前卡式千斤顶。前卡式千斤顶是一种多用途的预应力张拉设备，操作方便。主要用于单孔张拉。又可用于多孔预紧、张拉和排障，并能适用于多种规格尺寸的高强钢丝束及钢绞线。

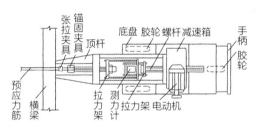

电动螺杆张拉机

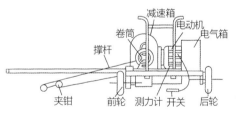

电动卷扬张拉机

穿心式千斤顶

前卡式千斤顶

4.4.6　台座

台座是先张法生产的主要设备之一，它承受预应力筋的全部张拉力。因此，台座应有足够的强度、刚度和稳定性，以免台座变形、倾覆、滑移而引起预应力值的损失。台座设计时应进行抗倾覆验算与抗滑移验算。台座按构造形式不同分为墩式台座、槽式台座和钢模台座三类。

> **核心知识：**台座受力大，必须验算强度、刚度和稳定性。

一、墩式台座

墩式台座由台墩、台面与横梁组成。墩式台座一般用于平卧生产的中小型构件，台座长度一般为100～150m，宽度约2m，在台座的端部应留出张拉操作用地和通道，两侧要有构件运输和堆放的场地。台面是在夯实的碎石垫层上浇筑一层厚度为6～10cm的混凝土而制成，是预应力混凝土构件成型的胎模。

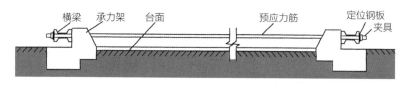

墩式台座

二、槽式台座

槽式台座由端柱、传力柱、柱垫、横梁和台面等组成，既可承受张拉力，又可作蒸汽养护槽。它适用于张拉吨位较高的大型构件，如吊车梁、屋架等。台座的长度一般为45～76m，宽度随构件外形及制作方式而定，一般不小于1m。

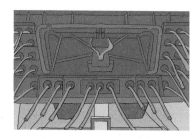

钢模台座

三、钢模台座

钢模台座主要用于工厂流水线，它是将制作构件的模板作为预应力钢筋锚固支座的一种台座。钢模台座具有相当的刚度，可将预应力筋放在模板上进行张拉。

4.4.7 先张法张拉施工

先张法预应力筋张拉前，应对台座、横梁及各项张拉设备进行详细检查，符合要求后方可进行操作。预应力筋的张拉应按设计要求进行。

核心知识：为减少应力松弛，需要进行超张拉。

一、预应力筋的铺设

（1）预应力钢丝和钢绞线下料，应采用砂轮切割机，不得采用电弧切割。

（2）预应力筋应在台面上的隔离剂干燥之后铺设，隔离剂应有良好的隔离效果，又不损害混凝土与钢丝的黏结力。

（3）预应力钢丝宜用牵引车铺设。

二、张拉控制应力

张拉控制应力 σ_{con} 不宜超过张拉控制应力允许值。若需要超张拉，张拉应力可再提高5%。

张拉控制应力允许值

钢筋种类	张拉方法	
	先张法	后张法
碳素钢丝、刻痕钢丝、钢绞线	$0.75 f_{ptk}$	$0.70 f_{ptk}$
冷拔低碳钢丝、热处理钢筋	$0.70 f_{ptk}$	$0.65 f_{ptk}$
冷拉钢筋	$0.90 f_{pyk}$	$0.85 f_{pyk}$

超张拉时最大张拉控制应力允许值

钢筋种类	张拉方法	
	先张法	后张法
碳素钢丝、刻痕钢丝、钢绞线	$0.80 f_{ptk}$	$0.75 f_{ptk}$
冷拔低碳钢丝、热处理钢筋	$0.75 f_{ptk}$	$0.70 f_{ptk}$
冷拉钢筋	$0.95 f_{pyk}$	$0.90 f_{pyk}$

注：f_{ptk} 为预应力筋极限抗拉强度标准值；
f_{pyk} 为预应力筋屈服强度标准值。

三、张拉程序

应力松弛是指钢材在常温、高应力状态下，由于塑性变化而使应力随时间的延续而降低的现象。为减少应力松弛，预应力筋一般要进行超张拉，张拉力不超过钢筋的屈服强度，使预应力筋处于弹性工作状态，以便对混凝土建立有效的预压应力。

（1）预应力钢丝。由于张拉工作量大，宜采用一次张拉程序：

$$0 \rightarrow (1.03 \sim 1.05)\sigma_{con}（锚固）$$

（2）预应力粗钢筋。其张拉程序为：

$$0 \rightarrow 1.05\sigma_{con}（持荷 2min）\rightarrow \sigma_{con}（锚固）$$

第一种张拉程序的目的是在高应力状态下加速预应力松弛早期发展，以减少应力松弛引起的预应力损失。

第二种张拉程序的目的是弥补预应力筋的松弛损失。

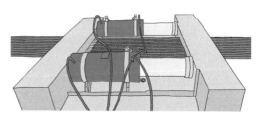

先张法张拉

四、预应力筋的张拉力

$$F_p = m\sigma_{con}A_p$$

式中　m ——超张拉系数，取值为 1.03 或 1.05；

　　　σ_{con} ——预应力筋张拉控制应力，N/mm^2；

　　　A_p ——预应力筋的界面面积，mm^2。

五、张拉注意事项

（1）张拉时，张拉机具与预应力筋应在一条直线上；同时在台面上每隔一定距离放一根圆钢筋头或相当于保护层厚度的其他垫块，以防预应力筋因自重而下垂，破坏隔离剂，污染预应力筋。

（2）顶紧锚塞时，用力不要过猛，以防钢丝折断；在拧紧螺母时，应注意压力表读数，始终保持所需的张拉力。

（3）预应力筋张拉完毕后，对设计位置的偏差不得大于 5mm，也不得大于构件截面最短边长的 4%。

（4）张拉过程中发生断丝或滑脱钢丝时，应予以更换。

（5）台座两端应有防护设施。张拉时沿台座长度方向每隔 4～5m 放一个防护架，两端严禁站人，也不准进入台座。

4.4.8　先张法放张施工

预应力筋放张就是将预应力筋从夹具中松脱开，将张拉力通过预应力筋传递给混凝土，从而获得预压应力。

> 核心知识：预应力筋的放张，应缓慢进行，防止冲击。

一、放张条件

预应力筋放张时，混凝土的强度应符合设计要求；如设计无规定，不应低于设计的混凝土强度标准值的75%。

二、放张顺序

（1）轴心受压构件预应力筋应同时放。

（2）偏心受压构件，先同时放张预压应力小的区域钢筋，再同时放张预压应力大的区域钢筋。

（3）若不能按上述规定放张时，应分段、对称、相互交错地放张，防止在放张过程中，由于构件承受过大的偏心力而出现弯曲、裂纹及断裂等现象。

（4）长台座上放松后的预应力钢筋的切断顺序，通常由放松端开始，逐渐切向另一端。

三、放张方法

（1）放张前，应拆除侧模，使放张时构件能自由压缩，否则将损坏模板或使构件开裂。

（2）预应力钢丝放张。配筋不多时，可采用剪切、割断和熔断的方法，由中间向两侧逐根放张，以减少回弹量；配筋较多时，所有预应力筋同时放张。切断钢丝时应测定钢丝往混凝土内的回缩情况。

（3）预应力钢筋放张。配筋不多时，逐根熔断；配筋较多时，所有预应力筋同时放张。通常采用千斤顶放张或在台座与横梁之间设置楔块和砂箱缓慢放张。

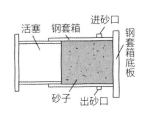

沙箱放张

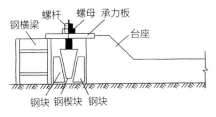

楔块放张

4.4.9 孔道留设

后张法施工的重要特点是施工前要留设孔道，预留孔道有直线、曲线或折线三种。

> **核心知识：**预埋管法质量易控，操作简单，是主要成型方法。

一、孔道布置要求

（1）规格、数量、位置和形状应符合设计要求。

（2）定位应牢固，浇筑混凝土时不应出现位移和变形。

（3）孔道应平顺，端部的预埋锚板应垂直于孔道。

二、孔道成型方法

（1）钢管抽芯法。钢管抽芯法用于直线孔道，其要求预先把钢管埋设在模板内的孔道位置处，在混凝土浇筑和养护过程中，间隔一定时间慢慢转动钢管，不使混凝土与钢管黏结；待混凝土初凝后、终凝前将钢管抽出，形成孔道。

（2）胶管抽芯法。胶管抽芯法用于直线、曲线或折线孔道。胶管充水（或充气）加压后直径可增大约3mm，此时把胶管埋设在模板内的孔道位置处，浇筑混凝土。抽管前，先放水降压，待胶管断面缩小与混凝土自行脱离即可抽管。

（3）预埋管法。采用金属波纹管或塑料波纹管，预先埋设在构件中，混凝土浇筑后不再抽出。波纹管具有重量轻、刚度好、弯折方便、连接容易、与混凝土黏结良好等优点，可做成各种形状的孔道，并可省去抽管工序，因而应用广泛。

金属波纹管

塑料波纹管

波纹管安装

★波纹管表面粗糙，灌浆后使预应力筋与混凝土有良好连接。

4.4.10 后张法张拉施工

预应力筋张拉时混凝土强度应满足设计要求，若设计无规定，不应低于设计强度标准值的75%。分段制作的构件应在张拉前完成拼装。

> **核心知识：** 固定端要增加锚固面积，以减少应力。

一、张拉方式

正确的张拉方式能保证混凝土不产生过大偏心力，构件不扭转与侧弯，结构不变位。张拉时，在张拉端用张拉设备对预应力筋进行张拉，固定端保持不动。

对长度 ≤ 30m 的直线预应力筋与锚固损失影响长度 $L_f \geq 0.5L$（L 为预应力筋长度）的曲线预应力筋采取一端张拉的方式；反之采用两端张拉的方式。对配有多束预应力筋的构件采用分批张拉方式；对多跨连续梁板通长的预应力筋采用分段张拉方式；为了平衡各阶段的荷载，可采取分阶段逐步施加预应力的方式。

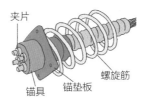

夹片 锚具 锚垫板 螺旋筋

张拉端　　　　　　固定端

二、张拉顺序

张拉顺序的原则是对称张拉对称受力，以及尽量减少张拉设备的移动次数。受拉构件对称张拉、受弯构件分批张拉如下图所示，图中数字表示批次。

后张法的张拉控制应力、张拉程序、伸长值验算与先张法一致。

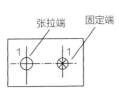

对称张拉

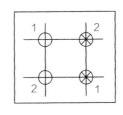

对称张拉

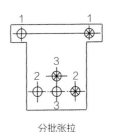

分批张拉

★后张法张拉完成后，要及时灌浆，并用混凝土封锚。

4.4.11 孔道灌浆

一、灌浆的主要作用

（1）防止预应力筋锈蚀，增加结构的耐久性。

（2）使预应力筋与混凝土构件黏结成整体，以控制裂缝的开展并减轻梁端锚具的负载。

> **核心知识**：灌浆时必须把空气排清。

二、灌浆材料要求

应采用等级不低于42.5的普通硅酸盐水泥配制的水泥浆或砂浆，流动性、干缩性和泌水性好，混凝土强度大于或等于30MPa，水灰比不应大于0.45。

三、灌浆施工

灌浆前应全面检查构件孔道及灌浆孔、泌水孔、排气孔是否畅通。

灌浆采用灌浆机连续进行，不得中断。灌浆压力不小于0.5MPa，并应排气通顺；在出浆口冒出浓浆并封闭排气口后，继续加压至0.5～0.7MPa稳压2min，再封闭灌浆孔。

灌浆顺序应先下后上，以免上层孔道漏浆把下层孔道堵塞；直线孔道灌浆应从构件的一端到另一端；曲线孔道灌浆应由最低点注入水泥浆，至最高点排气孔排尽空气并溢出浓浆为止。预应力混凝土的孔道灌浆应在常温下进行。

排气孔

灌浆孔

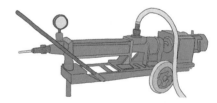
预应力灌浆机

四、端头封裹

预应力筋锚固后的外露长度应不小于30mm，多余部分宜用砂轮锯切割。锚具应采用封头混凝土保护。封头混凝土的尺寸应大于预埋钢板尺寸，厚度不小于100mm。封头处原有混凝土应凿毛，以增加黏结性能。封头内应配有钢筋网片，细石混凝土强度度为C30～C40。

4.4.12　无黏结预应力筋施工

后张无黏结预应力筋施工是指在预应力筋表面涂防腐油脂并包裹塑料套管后，敷设在设计位置，然后浇筑混凝土，待混凝土达到设计规定强度后进行张拉锚固。

> 核心知识：采用无黏结预应力筋时，不考虑钢筋和混凝土的摩擦力。

一、特点

无须留孔与灌浆、穿筋等，施工简单，预应力筋能适合各种形状需要，特别是曲线配筋结构。在连续单、双向板、密肋板中应用较为经济，也可用于连续梁中。

二、无黏结预应力筋的制作

无黏结预应力筋由预应力筋、涂料层、外包层组成，有工厂成品。

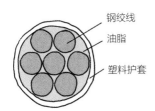

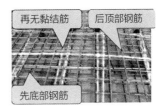

三、无黏结预应力筋铺设

在单向板中，无黏结预应力筋的铺设比较简单，与非预应力筋铺设基本相同。在双向板中，无黏结预应力筋需要配置成两个方向的悬垂曲线。一般先铺底部钢筋，再铺无黏结筋，最后再铺顶部钢筋。

无黏结预应力筋应严格按设计要求的曲线形状就位并固定牢靠。

四、无黏结预应力筋张拉

宜采用单根张拉，张拉设备宜选用前置内卡式千斤顶，锚固体系选用单孔夹片式，应满足Ⅰ类锚具要求。无黏结预应力筋常用钢丝束锚具和夹片式锚具。

无黏结预应力混凝土楼盖结构张拉时，宜先张拉楼板，后张拉楼面梁。板中的无黏结预应力筋，可依次张拉。梁中的无黏结预应力筋宜对称张拉。

5

砌筑与垂直运输工程

5.1 砌筑工程

5.1.1 砌筑材料

砌体材料由砌筑块体和砌筑砂浆组成。

> **核心知识：**砌筑块体尺寸越大，施工速度越快。

一、砌筑块体

1.烧结砖

烧结砖是传统的砌筑材料，以黏土、页岩、煤矸石或粉煤灰等为原材料，经压制、焙烧而成。

烧结普通砖尺寸：长×宽×高＝240mm×115mm×53mm。由于其尺寸偏小，密度较大，施工耗用人工过多，故常在非承重部位改用多孔砖或空心砖减少自重。

实心砖

多孔砖

空心砖

烧结砖的优点：外观质量好，强度较高，生产工艺简单，施工简便。

烧结砖的缺点：烧制过程消耗大量燃料并产生有害气体，生产原料需大量毁坏耕地资源。

由于烧结砖缺点明显，许多地方已立法禁止使用烧结砖。

2.蒸压砖

蒸压砖也称免烧砖，常见原材料包括粉煤灰、天然砂、生石灰、掺合料等，是指在蒸压釜等压力容器内用蒸汽养护（以提高砖早期强度）生产工艺制成的砖，其外形规格与烧结普通砖一致。

蒸压砖

3.砌块

砌块是利用混凝土、工业废料（炉渣，粉煤灰等）或地方材料制成的人造块材，由于加入了发泡剂，其密度较小，规格尺寸比砖要大，施工效率高。

砌块系列中主规格的高度为180～380mm的称作小型砌块，高度为380～980mm

的称作中型砌块，高度大于980mm的称为大型砌块。常见的砌块有普通混凝土空心砌块、蒸压加气混凝土砌块、粉煤灰砌块等。

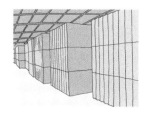

| 小型砌块 | 中型砌块 | 大型砌块 |

砌块的优点：重量轻、保温隔热性能好、隔声性能好、施工效率高。

砌块的缺点：强度较低、易破损，不便砍削加工。

4.石材

砌筑用石材有毛石和料石两类。毛石是指开采所得、未经加工的形状不规则的石块，料石是指经人工斩凿或机械加工而成，形状比较规则的六面体块石。料石按其加工面的平整度分为细料石、半细料石、粗料石和毛料石四种。石材强度高，自重大，耐久性好。

| 毛石 | 料石 |

二、砌筑砂浆

砂浆在砌体内的作用，主要是填充砖之间的空隙，并将其黏结成一个整体，使上层砖的荷载能均匀地传到下面。

1.砂浆的组成

组成砌筑砂浆的材料包括水泥、砂、水、外掺料、外加剂等。

2.砂浆的分类

砌筑砂浆分为水泥砂浆、非水泥砂浆和混合砂浆。

水泥砂浆以水泥为胶凝材料，加水后可以形成较高的强度，一般用于受力较大的部位或潮湿环境的砌筑；非水泥砂浆以石灰、黏土等材料为胶凝材料，成本较低，用于对强度要求低的部位或临时建筑，如花坛等；混合砂浆以水泥和石灰共同作为胶凝材料，有一定强度且降低了砂浆成本，用于干燥环境的砌筑。

3.砂浆的指标

砂浆的强度是以边长为70.7mm的立方体试块，在标准养护（温度20℃±5℃、

正常湿度条件、室内不通风处）下，经过28d龄期后的平均抗压强度值。强度等级划分为M15、M10、M7.5、M5、M2.5等。

为便于操作，砌筑砂浆应有较好的和易性，即良好的流动性（稠度）和保水性。和易性好的砂浆能保证砌体灰缝饱满、均匀、密实，并能提高砌体强度。砌筑砂浆的稠度见下表。

砌体种类	砂浆稠度/mm	砌体种类	砂浆稠度/mm
烧结普通砖砌体	70～90	普通混凝土小型空心砌块砌体	50～70
轻集料混凝土小型空心砌块砌体	60～90	加气混凝土小型空心砌块砌体	50～70
烧结多孔砖、空心砖砌体	60～80	石砌体	30～50

4.砂浆的制备与使用

砌筑砂浆应通过试配确定配合比，各组分材料应采用重量计量。

砌筑砂浆应采用砂浆搅拌机进行拌制。自投料完成算起，搅拌时间应符合下列规定：水泥砂浆和混合砂浆不得小于2min；掺用外加剂的砂浆不得少于3min；掺用有机塑化剂的砂浆，应为3～5min。

砂浆应随拌随用。水泥砂浆和水泥混合砂浆应在拌成后3～4h内使用完毕；当施工期间最高气温超过30℃时，必须在拌成后2～3h内使用完毕；对掺用缓凝剂的砂浆，其使用时间可根据具体情况延长。

工厂砂浆制备　　　　　现场砂浆制备

5.干拌砂浆

干拌砂浆也称干混砂浆，是指将水泥、砂、矿物掺合料和功能性添加剂按一定比例，在专业生产厂家于干燥状态下均匀拌制，混合成的一种颗粒状或粉状混合物，然后以干粉包装或散装的形式运至工地，按规定比例加水拌和后即可直接使用的干粉砂浆材料。干拌砂浆的使用有利于保障砂浆质量。

★为减少砂浆拌制过程水泥的扬灰，工地推广使用干拌砂浆。

5.1.2　砌筑构造

问：材料相同、尺寸相同、受力相同的墙体，仅仅是排列方式不同，交错式排砖和行列式排砖哪种受力性能更好？为什么？

答：交错式排砖受力性能更好。墙体是由砂浆和砌筑块体组成的，一般来说砌筑块体强度高，砂浆强度低，受力时砂浆往往先破坏。由于行列式排砖的破坏形式是沿砂浆界面形成竖直通缝，而交错式排砖的破坏形式是沿砂浆界面形成折线裂缝或局部穿越砌筑块体的裂缝，破坏时的面积更大，故交错式排砖受力性能更好。

砌筑工程应采取构造措施，增加墙体稳定性。

一、组砌形式

1.墙体组砌形式

行列式排砖　　　　交错式排砖　　　　墙体破坏图

墙体根据其厚度不同，采用不同的砌筑形式。可采用全顺（120mm）、两平一顺（180mm）、全丁、一顺一丁、梅花丁或三顺一丁（240mm）的砌筑形式。请注意，240mm的墙体不允许用全顺砌法，否则会有通缝。

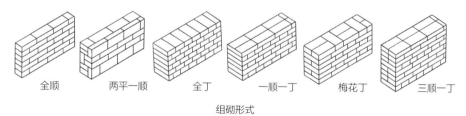

全顺　　　两平一顺　　　全丁　　　一顺一丁　　　梅花丁　　　三顺一丁

组砌形式

2.墙体交界处的处理

墙体交界处上下两皮砖应用半砖或七分头砖错缝搭接，避免形成通缝。

二、墙体的加强

1.墙身钢筋加强

半砖

墙体交界处的处理

在砌体墙交接处和转角处，应设构造钢筋以增加墙体之间的整体稳定性；对墙体开洞较大的部位如消防栓、弱电箱等也应增加构造钢筋进行加强。

承重砌块墙的外墙转角处、墙体交接处，均应沿墙高1m左右，在水平灰缝中放置拉结钢筋，拉结钢筋为$3\phi6$，钢筋伸入墙内不少于1000mm。

非承重砌块墙的转角处、与承重墙交接处，均应沿墙高1m左右，在水平灰缝中放置拉结钢筋，拉结钢筋为$2\phi6$，钢筋伸入墙内不少于700mm。

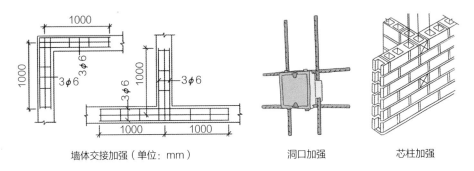

墙体交接加强（单位：mm）　　　　洞口加强　　　　芯柱加强

2.芯柱加强

芯柱是在空心混凝土砌块砌筑时，在混凝土砌块墙体中，砌块的空心部分插入钢筋后，再灌入流态混凝土，使之成为钢筋混凝土柱的结构及施工形式。在周期反复水平荷载作用下，芯柱具有良好的延性和耗能能力，能够有效地改善钢筋混凝土柱在高轴压比情况下的抗震性能。

3.构造柱和圈梁加强

对高度较大的墙体，中间增加圈梁；对长度较大的墙体，中间加构造柱。圈梁和构造柱按构造要求配筋，把墙体分为较小单元，可提高砌体结构的抗震性能。墙体与构造柱连接处应砌成马牙槎，马牙槎的高度不宜超过300mm。

构造柱施工

★砌体工程中，先砌筑墙体后施工构造柱。

5.1.3 砌筑施工

一、施工准备

砌筑部位的灰渣、杂物应清理干净，基层浇水湿润，砌筑块材提前浇水湿润，使用时表面不能有水，以保证砂浆的合理水灰比。

核心知识：砌筑工程按质量要求来控制施工过程。

二、砌筑施工

砌筑施工的程序如下图所示。

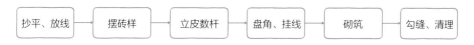

抄平、放线 → 摆砖样 → 立皮数杆 → 盘角、挂线 → 砌筑 → 勾缝、清理

1.抄平、放线

砌墙前应在基础防潮层或楼层上定出各层标高。据龙门板上给定的轴线及图纸上标注的墙体尺寸，在基础顶面上用墨线弹出墙的轴线和墙的宽度线，并分出门洞位置线。二楼以上墙的轴线可以用经纬仪或垂球将轴线引上。

砖砌体的位置及垂直度允许偏差见下表。

项次	项目		允许偏差 /mm	检验方法
1	轴线位置偏移		10	用经纬仪和尺检查或用其他测量仪器检查
2	垂直度	每层	5	用 2m 托线板检查
		全高 ≤ 10m	10	用经纬仪、吊线和尺检查，或用其他测量仪器检查

2.摆砖样

校对所放出的墨线在门窗洞口、附墙垛等处是否符合砖的模数，通过对灰缝进行调整，以尽可能减少砍砖，并使砌体灰缝均匀，组砌得当。可用砌块排列图来排摆砖样，以精确确定砌块的数量。

3.立皮数杆

皮数杆是一种方木标志杆，用于

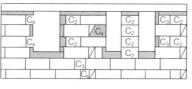

砌块排列图

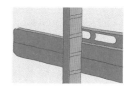

皮数杆

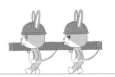

控制墙体各部位构件的标高，并使铺灰、砌砖的厚度均匀，保证砖缝水平。皮数杆上除划出每皮砖和灰缝的厚度外，还应标出门窗洞、过梁、楼板等的位置和标高。

4.盘角、挂线

砌墙前应先盘角，即对照皮数杆的砖层和标高，先砌墙角。每次盘角砌筑的砖墙高度不超过五皮，并应及时进行吊靠，如发现偏差及时修整。每皮砖都要拉线看平，使水平缝均匀一致，平直通顺。

5.砌筑

砌砖的砌筑，首先应保证砖缝的灰浆饱满，其次还应考虑有较高生产效率。目前常用的砌筑方法主要有铺灰挤砌法和"三一砌砖法"。当采用铺浆挤砌法砌筑时，铺浆长度不得超过750mm，施工期间气温超过30℃时，铺浆长度不得超过500mm。"三一砌砖法"施工时先将灰抛在砌砖位置上，随即将砖挤揉，即"一铲灰、一块砖、一挤揉"，并随手将挤出的砂浆刮去。

铺灰挤砌法

三一砌筑法

6.勾缝、清理

清水墙砌筑应随砌随勾缝，一般深度以6~8mm为宜，缝深浅应一致，清扫干净。砌混水墙应随砌随将溢出砖墙面的灰浆刮除。

三、质量要求

（1）横平竖直。即要求砖砌体水平灰缝平直，表面平整和竖向垂直。措施：挂线施工，勤吊勤靠。

（2）砂浆饱满。水平灰缝应砂浆饱满，厚薄均匀，保证砖块均匀受力和使块体紧密结合。砖块水平灰缝的砂浆饱满度应≥80%，砌体水平灰缝的砂浆饱满度应≥80%，用百格网进行检查。

（3）错缝搭接。砖块的排列方式应遵循内外搭接、上下错缝的原则，保证墙体的整体性和传力效果。砖块的错缝搭接长度不应小于1/4砖长，避免出现垂直通缝。

（4）接槎可靠。砖砌体的转角处和交接处应同时砌筑，严禁无可靠措施的内外墙分砌施工。对不能同时砌筑而又必须留置的临时间断处应砌成斜槎，斜槎水平投影长度不应小于高度的2/3。非抗震设防及抗震设防烈度为6度、7度地区的临时间断处，当不能留斜槎时，除转角处外，可留直槎，但直槎必须做成凸槎，并加设拉结钢筋。

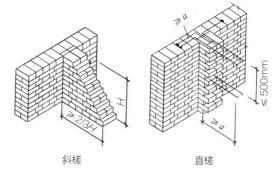

斜槎 　　　　直槎

a—非抗震设防地区，a=500mm；
抗震设防烈度为6度、7度地区，a=1000mm

四、注意事项

（1）洞口留设。洞口侧边距丁字相交的墙面不小于500mm，洞口净宽度不应超过1m，而且洞顶宜设置过梁。对设计规定的设备管道、沟槽、脚手眼和预埋件，应在砌筑墙体时预留和预埋，不得事后随意打凿墙体。

（2）减少不均匀沉降。若房屋相邻高差较大时，应先建高层部分；分段施工时，砌体相邻施工段的高差，不得超过一个楼层，也不得大于4m；现场施工时，砖墙每天砌筑的高度不宜超过1.8m，雨天施工时，每天砌筑高度不宜超过1.2m。

（3）墙顶斜砌。填充墙砌至接近梁板底时，应留有一定空隙，待填充墙砌筑完毕并应至少间隔7d后，用非烧结普通砖斜砌挤紧，其斜砌角度宜为60°左右，砌筑砂浆应密实。

（4）反坎设置。由于有些砌块强度较低且耐久性较差、吸湿性大等因素，因此部分位置需要设置混凝土反坎。用轻骨料混凝土小型空心砌块或蒸压加气混凝土砌块砌筑墙体时，墙底部应砌烧结普通砖或多孔砖，或普通混凝土小型空心砌块，或现浇混凝土坎台等，其高度不应小于200mm。

★框架结构一般先施工结构，后填充墙体；砌体结构一般先砌墙体，后施工结构。

5.2　脚手架工程

5.2.1　脚手架概述

脚手架是砌筑过程中堆放材料和工人进行操作的临时设施。每步脚手架的搭设高度一般以1.2m较为合适，称为"一步架高"，也叫砖墙的可砌高度。

> **核心知识**：脚手架有提高劳动生产率和保证施工安全双重意义。

一、脚手架要满足的基本要求

（1）有适当的宽度、步架高度，能满足工人操作、材料堆放和运输需要。

（2）有足够的强度、刚度和稳定性，保证施工期间在各种荷载作用下的安全性。

（3）搭拆和搬运方便，能多次周转使用，节省施工费用。

（4）因地制宜，就地取材，尽量节约用料。

（5）应与垂直运输设备和楼层的高度相适应，方便水平运输。

二、脚手架的分类

（1）按位置分：外脚手架（沿建筑物外墙外围搭设）、里脚手架（沿室内墙面搭设）、满堂脚手架（沿室内连续搭设）。

（2）按支固方式分：落地式脚手架、悬挑式脚手架、附墙悬挂脚手架、悬吊脚手架。

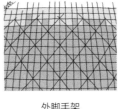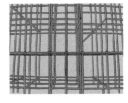

| 外脚手架 | 里脚手架 | 满堂脚手架 |

（3）按构造分：扣件式脚手架、碗扣式脚手架、门式脚手架、承插式脚手架、桥式脚手架、升降式脚手架等。

（4）按用途分：结构用脚手架、装修脚手架、防护脚手架等。

★脚手架材料主要为金属材料，竹、木脚手架因安全性差基本淘汰。

5.2.2 多立杆式脚手架

多立杆式脚手架由钢管杆件、节点组件、其他
构件组成。

> **核心知识**：脚手架要形成受力可靠的体系。

一、钢管杆件

钢管杆件包括立杆、大横杆、小横杆、护栏、剪刀撑、斜撑和抛撑，钢管材料
应采用外径48mm、壁厚3.5mm的焊接钢管。

（1）立杆。竖向杆件也称立杆，每根立杆底部应设底座，底座下面为垫板，通
过底座和垫板把杆上荷载传到坚实的地面。受力较大时，采用双立杆构造。

（2）大横杆。大横杆也称纵向
水平杆，与墙体平行，上铺脚手板。

（3）小横杆。小横杆也称横向
水平杆，与墙体垂直，为大横杆的
支承点，通过小横杆可以形成与墙
体的连接。

（4）护栏。构造同大横杆，位
于脚手架外侧，起到防坠保护作用。

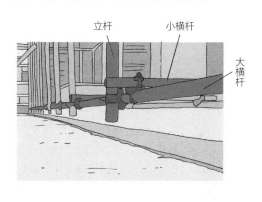

（5）剪刀撑。立杆和大横杆组成的杆件体系为平行四边形几何可变体系，受挠
动时易变形为菱形，从而在平面内失稳。设置剪刀撑后，杆件体系变为几何不变
体系，故脚手架必须设置剪刀撑。剪刀撑每隔12～15m设一道，斜杆与地面夹角为
45°～60°。

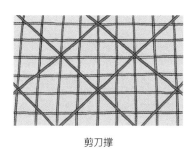

剪刀撑

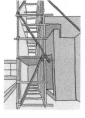

斜撑

抛撑

（6）斜撑。立杆和小横杆组成的杆件体系中，用斜撑代替剪刀撑，起到几何不变的作用。

（7）抛撑。立杆外侧的支撑杆，脚手架高度不大时，起到支撑作用，形成平面外几何不变杆件体系。

二、节点组件

（1）扣件式脚手架。扣件式脚手架的节点组件由对接扣件（纵向连接）、直角扣件（垂直连接）、回转扣件（斜向连接）组成，钢管杆件间用扣件连接，杆件偏心传力。

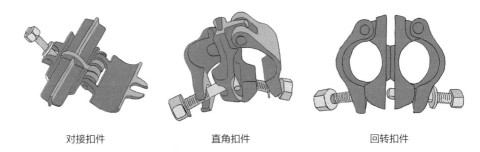

对接扣件　　　　　　　直角扣件　　　　　　回转扣件

（2）碗扣式脚手架。碗扣接头由上、下碗扣等组成；一个碗扣接头可同时连接4根横杆，可以相互垂直或偏转一定角度。杆件轴向传力，碗扣与横杆接头间具有可靠的自锁性能。

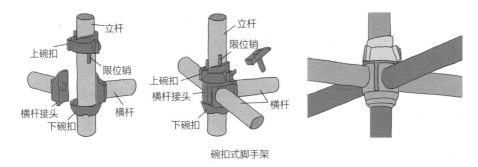

碗扣式脚手架

三、其他构件

（1）脚手板。脚手板一般用厚2mm的钢板压制而成，长度2~4m，宽度250mm，表面应有防滑措施；也可采用厚度不小于50mm的杉木板或松木板，长度3~6m，宽度200~250mm。

（2）连墙杆。连墙杆起到钢管杆件与墙体的连接作用，设置在框架梁或楼板附近等具有较好抵抗水平力作用的结构部位,垂直、水平间距不大于6m。

(3)底座。底座是设于立杆底部的垫座,用于承受脚手架立柱传递下来的荷载。可用厚8mm、边长150mm的钢板作底板,与外径60mm、壁厚3.5mm、长度150mm的钢管套筒焊接而成。

(4)安全网。安全网分为平网和立网。平网是指安装平面不垂直于水平面,用来防止人或物坠落的安全网,网眼5cm左右,每块支好的安全网应能承受不小于1600N的冲击荷载。立网是指安装平面垂直于水平面,用来防止人或物坠落的安全网。常用的立网为由化纤丝制成的密目式安全网,网眼密度不小于2000目/100cm^2。

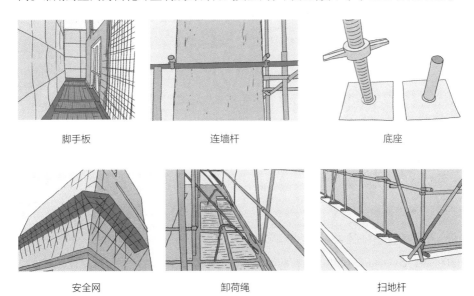

脚手板	连墙杆	底座
安全网	卸荷绳	扫地杆

(5)卸荷绳。卸荷绳是设在建筑结构上,对脚手架起拉结作用的钢丝绳。

(6)扫地杆。最底下一排大横杆和小横杆称为扫地杆,一般离地200mm。

以上部分共同组成了立杆式脚手架的受力体系。

★脚手架施工时,要确保节点组件的可靠连接。

5.2.3　盘扣式脚手架

盘扣式脚手架又称菊花盘式脚手架、插盘式脚手架。盘扣式脚手架采用 $\phi 48 \times 3.5mm$、Q345B钢管做主构件。

盘扣式脚手架由钢管杆件、节点组件、其他构件组成。

> **核心知识：** 盘扣式脚手架尺寸规整，受力性能好，符合建筑工业化要求。

一、钢管杆件

（1）立杆。立杆用于与标准基座相连接，为主要承力构件，每隔500mm焊接一组圆盘，立杆底部带连接套管。

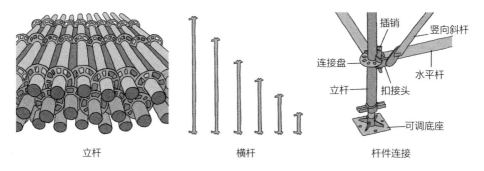

立杆　　　　　　　　　横杆　　　　　　　　　杆件连接

（2）横杆。外径48mm，壁厚2.5mm，长度有600mm、900mm、1200mm、1500mm、2000mm等尺寸。横杆两端焊有铸头，并配置销板，用于与立杆圆盘相扣接，使得架体得以向外延伸。

（3）斜杆。斜杆用于在竖向固定立杆，形成三角形稳定结构，防止变形，增加架体整体刚度。斜杆规格根据水平杆长度与步距来选用。

二、节点组件

节点组件由直径133mm、厚10mm的焊接圆盘组成。圆盘上有八个孔，四个小孔为横杆专用，四个大孔为斜杆专用。横杆、斜杆的连接方式均为插销式，可以确保杆件与立杆牢固联结。

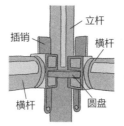

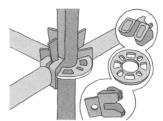

节点组件

三、其他构件

（1）可调底座。可调底座外径38mm，壁厚5mm，功能为调节架体底部高度，置于立杆底部。

（2）可调顶托。可调顶托外径38mm，壁厚5mm，功能为调节架体顶部高度，上部放置铝合金梁或工字钢梁。调节丝杠理论最大调节范围100～450mm，一般控制在100～300mm以内。

（3）挂扣式脚手板。采用金属材料，通过连接钩挂扣在横杆上，使脚手板与横杆牢固连接。

（4）挂扣式钢梯。采用金属材料，通过连接钩挂扣在横杆上，使钢梯与横杆牢固连接。

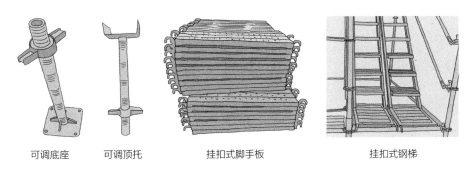

可调底座　　　可调顶托　　　挂扣式脚手板　　　　挂扣式钢梯

四、盘扣式脚手架产品质量要求

（1）钢管应无裂纹、凹陷、锈蚀，不得采用对接焊接钢管。

（2）钢管应平直，直线度允许偏差应为管长的1/500，两端面应平整，不得有斜口、毛刺。

（3）铸件表面应光滑，不得有砂眼、缩孔、裂纹等缺陷。

（4）冲压件不得有毛刺、裂纹、氧化皮等缺陷。

（5）各焊缝有效高度应符合规定，焊缝应饱满，焊药应清除干净，不得有未焊透、夹渣、咬肉、裂纹等缺陷。

（6）可调底座和可调顶托表面宜浸漆或冷镀锌，涂层应均匀、牢固；架体杆件及其他构配件表面应热镀锌，表面应光滑，在连接处不得有毛刺、滴瘤和多余结块。

（7）主要构配件上的生产厂家标识应清晰。

★盘扣式脚手架强度较大，搭设自重较小，尤其适用于满堂脚手架。

5.2.4　门式脚手架

门式脚手架又称多功能门式脚手架，其尺寸标准、结构合理、承载力高、装拆方便、安全可靠。

门式脚手架由门架、剪刀撑和挂扣式脚手板构成基本单元；基本单元通过连接棒、锁臂连接并增加底座、垫板，构成整片脚手架。

> 核心知识：门式脚手架可用作外脚手架、里脚手架、满堂脚手架。

门式脚手架高度一般不超过45m，每5层至少应加设水平架一道，垂直和水平方向每隔4～6m应设一个连墙杆，脚手架的转角应用钢管通过扣件紧扣在相邻两个门式框架上。

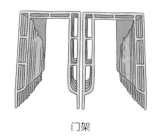

门架

脚手板

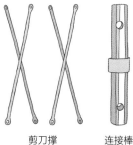

剪刀撑　　连接棒

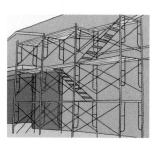

门式脚手架

活动式脚手架

门式脚手架架设超过10层，应加设辅助支撑；高度方向每8～11层门式框架、宽度方向每5个门式框架之间，应加设一组，使脚手架和墙体可靠连接。

★门式脚手架底座可安放轮子，形成活动式脚手架，可以作为机电安装、室内装修活动工作平台。

5.2.5 安全防护平台

工地脚手架除提供工人施工操作空间外，还可以搭设各种安全防护平台。

> 核心知识：脚手架在安全防护上有广泛应用。

（1）安全通道。在建筑工地进出口或建筑物连接处，应用脚手架搭设安全通道保障施工人员的通行安全，避免高空坠落的影响。其一般采用双层顶棚形式。

（2）马道。马道是附搭于立杆式脚手架，并与其相连接的，供施工人员上下脚手架，或兼作运输材料的，具有一定坡度的通道。

（3）临边防护。临边防护即在建工程的楼面临边、屋面临边、阳台临边、升降口临边、基坑临边的安全防护设施，可采用脚手架或定型防护栏。

（4）卸料平台。卸料平台是施工现场常搭设的各种临时性的操作台和操作架，一般用于材料的周转。

（5）水平悬挑保护棚。沿建筑物周边每隔一定高度外伸悬挑设置的防护棚，用以降低坠落高度。

（6）高处作业操作平台。在高处用栏杆和脚手板满铺而成的平台，工人可在上面作业。

安全通道

马道

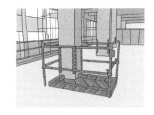

临边防护

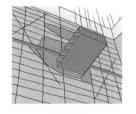

卸料平台

水平悬挑保护棚

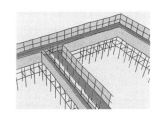

高处作业操作平台

5.2.6　脚手架的搭设

一、施工准备

（1）编制脚手架施工方案和安全技术交底。

（2）对搭设材料进行检查验收，不合格产品不得使用。

（3）清除搭设场地杂物，平整场地，场地严禁有积水的现象，防止地基不均匀沉陷。

核心知识：达到危大工程标准的项目要论证施工方案的安全性。

二、地基与基础

（1）脚手架范围的地基表面应平整，排水畅通。

（2）如表层土质松软，应加150mm厚碎石或碎砖夯实，对高层建筑脚手架基础应进行验算。

三、搭设程序

多立杆式脚手架搭设程序如下：

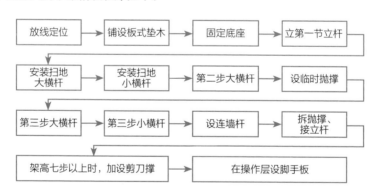

四、搭设要点

（1）立杆要竖直，垂直度允许偏差不得大于1/200。相邻两根立杆接头应错开50cm。

（2）大横杆在每一面脚手架范围内纵向水平高低差，不宜超过1皮砖厚度。

（3）双排脚手架小横杆靠墙的一端应离开墙面5～15cm。

（4）各杆件相交伸出的端头，均应大于10cm，以防滑脱。

（5）安装扣件时，螺栓拧紧，扭力矩不应小于40N·m，不大于65N·m。

（6）为保证架子的整体性，应沿架子纵向每隔30m设一组剪刀撑。

（7）架设至有连墙件的构造层时，应立即设置连墙件。连墙件至操作层的距离不应大于两步。当超过时，应在层下采取临时稳定措施，直到连墙件架设完后方可拆除。

（8）除操作层的脚手板外，宜每隔12m高满铺一层脚手板。

排水通畅

安装扣件

五、安全网架设

当建筑物外墙砌筑高度超过4m或进行立体交叉作业时，必须在脚手架外侧架设安全网。

（1）架设平网时，安全网伸出墙面的宽度应不小于2m，外口要高于里口400～600mm。

（2）当施工中采用内脚手架砌外墙时，要沿墙外侧架设安全网。

（3）对于高层建筑，除作业层架设安全网外，还应沿高度方向每隔4～6层架设一道型式与作业楼安全网相同的中间固定网，在建筑的首层架设固定的双层安全网，宽度为4～6m，外口要高于里口600～800mm。

密目安全网

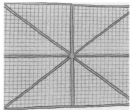

全钢安全网

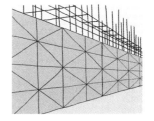

搭设效果

六、脚手架验收

脚手架安装完毕后须对脚手架进行验收，验收内容包括脚手架材料质量、搭设工艺、搭设质量、脚手架监控管理等。

5.2.7　脚手架的拆除

一、拆除前的准备工作

（1）检查结构及现场情况，编制拆除方案并经有关单位批准。

核心知识：拆除时必须逐层向下。

（2）拆除前，应及时清除脚手板上留存的外墙砖、混凝土块等杂物。

（3）脚手架拆除时，有条件时在现场外设置围栏，专人看守，疏散来往人员，拆除的外围挂醒目的警示标志和拉设警戒线。

（4）拆除高处架子的作业人员，必须持证上岗，戴安全帽，系安全带，扎裹腿，穿软底鞋。

二、拆除的工艺流程

拆除工艺流程：拆护栏→拆脚手板→拆小横杆→拆大横杆→拆剪刀撑和连墙件→拆立杆→拉杆传递至地面→清除扣件→按规格堆码。

三、拆除施工要点

（1）脚手架的拆除按由上而下，逐层向下的顺序进行。

（2）严禁上下同时作业，所有固定件应随脚手架逐层拆除。

（3）严禁先将连墙件整层或数层拆除后再拆除脚手架。

（4）分段拆除高度差不应大于两步。

（5）当拆至脚手架下部最后一节立杆时，应先架临时抛撑加固后拆连墙件。

（6）卸下的材料应集中堆放，严禁抛扔。

分层拆除，及时清运

施工时系安全带

拆除警示

5.3 垂直运输机械

垂直运输机械

垂直运输机械是在建筑施工中垂直运输材料、设备的机械设备。常用的垂直运输机械包括物料提升架、施工电梯、塔式起重机等。

核心知识：要采取措施保证垂直运输机械安全装置的有效性。

一、物料提升架

物料提升架主要包括井式提升架（井架）、龙门式提升架（龙门架），其与塔式起重机相比，具有安装方便、费用低廉的特点，广泛用于一般建筑工程施工。当用于10层以下时，多采用缆风绳固定；用于超过10层的高层建筑施工时，必须采取附墙方式固定。

1.井架

井架的吊笼设置在井架内部，利用卷扬机驱动配重以提升吊笼。井架的大小限制了吊笼的大小，也限制了材料运输量。井架安全性较差，一般只能运材料，不能运人。

井架的起重能力一般为1000～2000kg，搭设高度可达40m。为保证井架的稳定，井架高度在12～15m以下时设缆风绳一道，缆风绳设置在四角，每角一根，用直径9mm的钢丝绳，与地面夹角为45°；当井架高度在15m以上时，每增高5～10m增设一道。

井架

2.龙门架

龙门架是由两组格构柱和横梁组合而成的门式起重设备。龙门架的吊笼设置在两组格构柱之间，利用卷扬机驱动配重以提升吊笼。龙门架安全性较差，一般只能运材料，不能运人。

龙门架起重量为2000kg以内，起重高度一般为15～30m。龙门架的稳定性可以通过拉设缆风绳来解决，缆风绳设置要求

龙门架

与井架相同，但每道缆风绳不少于6根。

井架和龙门架的吊笼应有可靠的安全装置，以防止吊笼在运行中和停车装、卸料时发生坠落等严重事故，其主要有吊笼停车安全装置、钢丝绳断后的安全装置、高度限位装置等。

二、施工电梯

建筑施工电梯设置了断绳保护安全装置、停靠安全装置、缓冲装置、上下高度及极限限位器、防松绳装置等安全保护装置，可以人货两用。其吊笼装在塔架的外侧，装有高性能的限速装置，具有安全可靠、能自升接高的特点，其高度可达100m，可载运货物1.0~1.2t，或载12~15人。

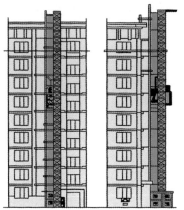

施工电梯

三、塔式起重机

塔式起重机是一种塔身直立，起重臂安在塔身顶部且可作360°回转的起重机，一般具有较大的起重高度和工作幅度，工作速度快、作业效率高，广泛用于多层和高层民用建筑、多层工业厂房及其他适宜场所的垂直运输作业。

塔式起重机

塔式起重机可以同步完成水平运输和垂直运输，适用于大宗的、集中使用性的材料，如钢筋、模板等的运输，使用过程要注意材料的固定，以防材料坠落。塔式起重机影响范围内的临时设施，需要搭设防护安全棚，以防材料坠落。塔式起重机应设防攀爬装置，以防无关人员攀爬。

★垂直运输机械运输时产生动荷载，需要用钢丝绳固定或与建筑物附着，以增加其稳定性，使用时注意不能影响脚手架的稳定性。

6

结构吊装工程

6.1 起重机械

6.1.1 结构安装工程概述

结构安装工程是指在工厂或现场制作结构构件，运输到施工现场后用起重机械将其起吊并安装到设计位置。结构安装工程是装配式结构施工中的主导工程。其主要特点有：

核心知识：结构安装工程施工速度快，符合建筑工业化的要求。

（1）预制构件类型多。构件类型多，易影响构件平面布置和安装效率。

（2）预制质量影响大。构件制作外形尺寸的正确与否、混凝土强度能否达到设计要求，都将直接影响安装的质量与进度。

（3）正确选用起重机械是完成结构安装工程施工的主导因素。

（4）结构受力变化复杂。构件施工阶段的受力状态与使用阶段不同，如：构件在运输和起吊时，因吊点和支承点与使用阶段不同，可能使结构构件内力的大小、性质发生改变。因此，必要时应对构件进行施工阶段的承载力和稳定性验算，并采取相应的措施。

（5）高空作业多。预制构件量多、体大，工作面窄，高空作业多，施工时易发生工伤事故，因此必须加强安全技术措施。

混凝土结构吊装

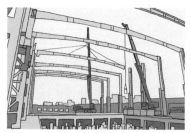

钢结构吊装

★构件未起吊时，须精心设计其在施工现场的布置方案，减少二次运输。

6.1.2 桅杆式起重机

桅杆式起重机由起重杆、缆风绳、锚碇、卷扬机、滑轮组等组成，是一类简易的、移动不方便且需拉设较多缆风绳保持稳定的起重机。

桅杆式起重机主要可分为独脚拔杆、人字拔杆、悬臂拔杆和牵缆式桅杆起重机等。

> **核心知识**：桅杆式起重机一般作为起重机械中的最佳替补。

一、独脚拔杆

独脚拔杆由起重滑轮组、卷扬机、缆风绳及锚碇等组成，有木独脚拔杆和钢管独脚拔杆以及格构式独脚拔杆三种。

独脚拔杆在使用时，保持不大于10°的倾角，以便吊装构件时不至碰撞拔杆，拔杆主要依靠缆风绳来保持稳定，其根数应根据起重量、起重高度以及绳索强度而定，一般为6～12根，但不少于4根。缆风绳与地面的夹角α一般取30°～45°，角度过大则对拔杆产生较大的压力。

独脚拔杆

人字拔杆

三脚拔杆

二、人字拔杆

人字拔杆由两根圆木或钢管、缆风绳、滑轮组、导向滑轮组成，在人字拔杆的顶部交叉处悬挂滑轮组。拔杆下端两脚的距离为高度的1/2～1/3。缆风绳的数量根据起重量和起重高度决定，一般不少于5根。人字拔杆比独脚拔杆侧向稳定性好。

同理，用三根拔杆组成的起重机械为三脚拔杆。三脚拔杆稳定性更强。

三、悬臂拔杆

悬臂拔杆是在独脚拔杆的中部或2/3高度处装上一根起重臂。起重臂可回转和

起伏变幅。悬臂拔杆能获得较大的起重高度，起重臂能左右摆动一定幅度，适于吊装高度较大的轻型构件。

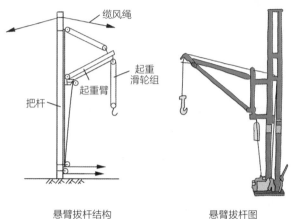

悬臂拔杆结构　　　　　　悬臂拔杆图

四、牵缆式桅杆起重机

牵缆式桅杆起重机是在悬臂拔杆的下端装上一根可360°回转和起伏的起重杆的一种起重机械。起重量在10t左右的桅杆起重机大多用无缝钢管制成，高度可达25m；大型桅杆起重机采用格构式桅杆，下部设有专门行走装置（钢轨或滚筒），起重量可达60t，桅杆高度可达80m。缆风绳不少于6根。

牵缆式桅杆起重机

五、桅杆式起重机的优点和缺点

（1）优点：制作简单、装拆方便、起重量大、受施工场地限制小。特别是吊装大型构件而又缺少大型起重机械时，这类起重设备更显它的优越性。

（2）缺点：需设较多的缆风绳，灵活性差，移动困难，起重半径小，施工速度慢。

★桅杆式起重机一般用于构件较重、吊装工程比较集中、施工场地狭窄，而又缺乏其他合适大型起重机械的情况。

6.1.3 自行杆式起重机

自行杆式起重机具有自行装置，行走至吊装场地即可投入使用，无须进行拼接等工作。其移动和使用方便，灵活性大，但稳定性稍差。

自行杆式起重机可分为履带式起重机、汽车式起重机、轮胎式起重机三种。

一、履带式起重机

1.组成

履带式起重机由行走机构、回转机构、机身及起重臂等部分组成。

行走机构为两条链式履带，以减少对地面的平均压力。

回转机构为装在底盘上的转盘，使机身可以回转360°。

机身内部有动力装置、卷扬机和操纵系统；起重臂为角钢焊接而成的格构式结构，下端铰接于机身，可随机身转动。

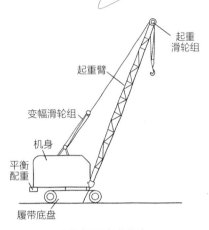

履带式起重机的构造

起重臂顶端敷设起重滑轮组和变幅滑轮组，通过机身内部卷扬机的牵引作用完成起重和变幅作业。

2.优点和缺点

优点：操作灵活、使用方便、起重能力较大、作业速度快；起重时不需设支腿，并可负载行驶；可在坎坷不平的松软地面上行驶和作业，场地适应性强。

缺点：行走速度慢，履带对路面的破坏性较大，稳定性较差，若需超负荷或接长起重臂时，必须进行稳定性验算。

3.适用性

广泛地应用在小型单层工业厂房的结构安装工程中。

4.吊装参数

履带式起重机主要技术性能包括3个主要参数：起重量Q、起重半径R和起重

高度 H。起重量 Q 一般不包括吊钩、滑轮组的重量，起重半径 R 是指起重机回转中心至吊钩的水平距离，起重高度 H 是指起重吊钩中心至停机面的距离。起重量、起重半径、起重高度三个工作参数之间存在着互相制约的关系。

5.履带式起重机安全规定

（1）起重吊钩中心与臂架顶部定滑轮之间的最小安全距离一般为 2.5 ~ 3.5m。

（2）起重机工作时的地面允许最大坡度不应超过 3°。

（3）起重臂杆的最大仰角一般不得超过 78°。

（4）起重机不宜同时进行起重和旋转操作，也不宜边起重边改变起重臂的幅度。

（5）起重机如需负载行走，荷载不得超过允许起重量的 70%；起重机吊起满载荷重物时，应先吊离地面 20 ~ 50cm，检查起重机的稳定性、制动器的可靠性和绑扎的牢固性等，确认可靠后才能继续起吊。

（6）起重机在松软土壤上工作时，应采用枕木或路基箱垫好道路。

（7）起重机在进行超负荷吊装或接长臂杆时，需进行稳定性验算。不满足验算时可考虑增加平衡配重、设置临时性缆风绳等措施加强起重机的稳定性。

二、汽车式起重机

1.特点

汽车式起重机是装在普通汽车底盘上或特制汽车底盘上的一种起重机，也是一种自行式全回转起重机。起重机构动力由汽车发动机提供，其行驶的驾驶室与起重操作室是分开的。

桁架吊臂汽车起重机

伸缩吊臂汽车起重机

2.优点和缺点

优点：转移迅速，行驶速度快，对路面破坏小。因此，特别适用于流动性大，经常变换地点的作业。

缺点：起吊作业时需要使用支腿，因此，对作业场地的适应性差，不能在松软或泥泞的地面上作业，不能负荷行驶。由于机身长，行驶时转弯半径大。

3.汽车式起重机安全规定

（1）应先压实场地，放好支腿，将转台调平，并在支腿内侧垫好保险枕木，以防支腿失灵时发生倾覆。

（2）起吊作业时驾驶室严禁坐人，所吊重物不得超越驾驶室上空，不得在车的前方起吊。

（3）发现起重机倾斜或支腿不稳时，立即将重物降落在安全位置，下降中严禁制动。

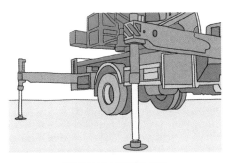

起重机工作过程轮胎离地

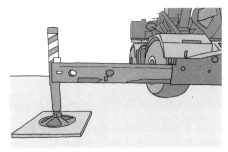

起重机增加支腿垫板

三、轮胎式起重机

轮胎起重机是一种自行式、全回转、起重机构安装在加重型轮胎和轮轴组成的特制底盘上的起重机。轮胎式起重机行驶的驾驶室与起重操作室是合用的，其吊装机构和行走机械均由一台发动机控制。

轮胎起重机行驶时对路面破坏小，行驶速度比汽车起重机慢，但比履带起重机快。常用于作业地点相对固定而作业量较大的吊装作业。轮胎式起重机作业时也要放出伸缩支腿以保护轮胎，必要时支腿下可加设垫板以扩大支承面。

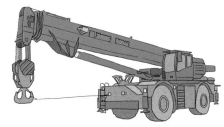

轮胎式起重机

★履带式起重机行走机械为履带，可负荷行走；汽车式起重机和轮胎式起重机工作时需放出伸缩支腿，不能负荷行走。

6.1.4 塔式起重机

塔式起重机也称塔吊，其起重臂安装在塔身顶部，可作360°回转，具有较高的起重高度、工作幅度和起重能力，在多层、高层结构的吊装中应用最广。

核心知识：塔式起重机装拆麻烦，适用于工程量大的场地。

一、分类

（1）按有无行走机构分：固定式和移动式；

（2）按回转形式分：上（塔顶）回转式和下（塔身）回转式；

（3）按变幅方式分：小车变幅和动臂变幅；

（4）按安装形式分：自升式、整体快速拆装和拼装式；

（5）按与建筑物的连接方式分：移动式、爬升式和附着式；

（6）按起重能力分：轻型（5~30kN）、中型（30~150kN）和重型（150~400kN）。

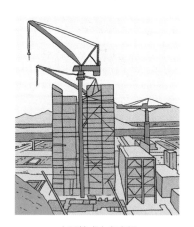

上回转式小车变幅

二、轨道式塔式起重机

轨道式塔式起重机能负荷行走，同时完成水平和垂直运输，且能在直线和曲线轨道上运行，使用安全、生产效率高，其缺点是需铺设轨道，占用施工场地过大。轨道式塔式起重机的塔架高度和起重量，均比附着式小。

下回转式动臂变幅

三、爬升式塔式起重机

爬升式塔式起重机是安装在建筑物内部电梯井或其他合适开间的结构上，随建筑物的升高向上爬升的起重机械。塔身短、不需轨道和附着装置，不占施工场地。其缺点是全部荷载由建筑物承受，拆除时需在屋面架设辅助起重设施。主要用于超高层建筑施工中。

轨道式塔式起重机

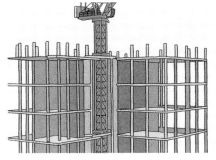

爬升式塔式起重机

四、附着式塔式起重机

附着式塔式起重机又称为自升塔式起重机，直接固定在建筑物或构筑物近旁的混凝土基础上，随着结构的升高，不断自行接高塔身。为了塔身稳定，塔身每隔20m高度左右采用附着装置，将塔身固定在建筑物上。附着装置由套装在塔身上的锚固环、附着杆及固定在建筑结构上的锚固支座构成。

附着式塔式起重机多为小车变幅，因起重机装在结构近旁，司机能看到吊装的全过程，自身的安装与拆卸不妨碍施工过程。

附着式塔式起重机

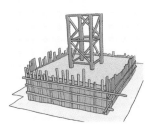

塔吊基础

塔吊安全通道及附着装置

塔吊安装前的准备资料包括告知书、塔吊混凝土抗压强度检测报告、塔吊钢筋隐蔽验收、起重机械产权备案表、安装方案、塔吊安装公司的安装单位资质、安装人员资质证书等。

塔吊安装后报质监站验收合格后方可使用。

6.1.5　其他起重机械

一、梁式起重机

梁式起重机，有起升、桥架行走、小车行走等三种工作机构，广泛用于工厂、仓库、料场等不同场合吊运货物。

> **核心知识：** 根据工程的应用场景选用合适的起重机械。

梁式起重机主要包括单梁桥式起重机和双梁桥式起重机。

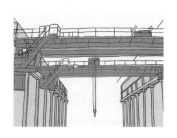

单梁桥式起重机桥架的主梁多采用工字型钢或型钢与钢板的组合截面。起重小车常为手拉葫芦、电动葫芦或用葫芦作为起升机构部件装配而成。

双梁桥式起重机由直轨、起重机主梁、起重小车、送电系统和电器控制系统组成，特别适合于大起重量的平面范围物料输送。

二、门式起重机

门式起重机又叫龙门吊，是在桥式起重机的基础上改进而来的。它在主梁的两端有一个或两个支腿，可以沿着地上专用的轨道运行，主梁两端可以外伸悬臂梁。

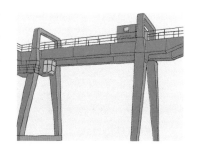

门式起重机具有场地利用率高、作业范围大、适应面广、通用性强等特点，在地铁施工中得到广泛使用。

三、浮式起重机

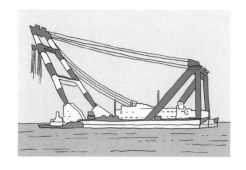

浮式起重机也称为起重船或浮吊，是一种装在专用平底浮船上的臂架起重机。它具有能在水上（锚地）进行装卸，不受码头地面承载能力的限制，且不受水位差影响等突出优点。因而被广泛应用于港桥、水利等工程项目中。

6.1.6 吊装辅助工具

结构安装工程施工中除了使用起重机械外，还要使用许多辅助工具及设备。

> 核心知识：各吊装辅助工具须经力学验算后方可使用。

一、卷扬机

建筑施工中常用的卷扬机分快速和慢速两种。快速和调速卷扬机额定拉力为5～50kN，钢丝绳额定速度为30m/min，配合井字架、龙门架、滑轮组等完成垂直和水平运输。慢速卷扬机额定拉力为30～200kN，钢丝绳额定速度为7～21m/min，配以拔杆、人字架滑轮组等辅助设备，可用于安装作业。

卷扬机必须用地锚予以锚固，以防工作时发生滑动或倾覆。固定卷扬机的方法有螺栓锚固法、立桩锚固法、水平锚固法和压重锚固法等。

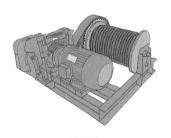

卷扬机

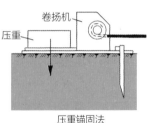

卷扬机的锚固

二、滑轮组

滑轮组由一定数量的定滑轮和动滑轮以及穿绕的钢丝绳组成，具有省力和改变力的方向的功能。定滑轮仅改变力的方向、不能省力，动滑轮随重物上下移动，可以省力，滑轮组滑轮越多、工作线数也越多，越省力。

滑轮组

三、钢丝绳

结构吊装中常用的钢丝绳由六束绳股和一根绳芯捻成。每根绳股由许多高强钢丝捻成。钢丝绳按绳股数及每股中的钢丝数区分，有6×7，7×7，6×19，6×37和

6×61等规格。吊装中常用的有6×19、6×37两种。6×19钢丝绳是由6根绳股加1根绳芯捻成，每根绳股由19根高强钢丝捻成。这种钢丝绳的钢丝粗、硬而耐磨，一般可作缆风绳和吊索。6×37钢丝绳比较柔软，一般用于穿滑轮组和作吊索使用。

钢丝绳

在施工过程中，钢丝绳使用一段时间后，就会有断丝、腐蚀和磨损的现象，其承载力降低，应及时检查，超过要求应报废。

四、吊具

吊具包括吊钩、钢丝夹头、卡环、吊索，横吊梁等，是吊装时的重要工具。

吊索，又称千斤绳，主要用于绑扎和起吊构件。

卡环，又称卸甲，主要用于吊索之间或吊索与构件吊环之间的连接。

横吊梁，又称铁扁担，在吊装中可减小起吊高度，满足吊索水平夹角的要求，使构件保持垂直、平衡，便于安装。

吊钩

吊索

卡环

横吊梁

6.2 单层厂房安装

6.2.1 吊装准备工作

单层工业厂房由于构件类型少，除基础在施工现场就地浇筑外，其他构件均为预制构件。由于工业厂房安装的构件种类、数量较多，为了进行合理而有序的安装工程，构件吊装前要做好各项准备工作。

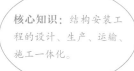

核心知识：结构安装工程的设计、生产、运输、施工一体化。

一、结构安装前准备工作

（1）室内技术准备工作。熟悉图纸、图纸会审、计算工程量、编制施工组织设计、绘制工序图表等。

（2）构件的制作与运输。预制构件如柱、梁、屋架、屋面板等一般在现场预制或工厂预制。整个预制场地应平整夯实，不可因受荷、浸水而产生不均匀沉降。在工厂预制的构件需要在吊装前运至工地，构件运输需考虑汽车的载重量、道路转弯半径、涵洞限高等因素。为保障运输过程中的构件安全，构件混凝土强度不低于设计强度标准值的75%。叠放运输构件之间必须用隔板或垫木隔开，上下垫木应保持在同一垂直线上，支垫数量要符合设计要求。在构件运输过程中，必须保证构件不倾倒、不变形、不损坏。

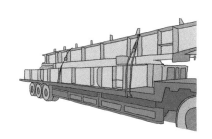

钢结构运输

二、现场施工准备

1.场地清理和道路修筑

（1）施工场地清理，使作业场所平整舒适。

（2）道路修筑能使运输车辆和起重机械能够很方便地进出施工现场。

（3）符合施工现场三通一平的要求。

混凝土结构运输

2.构件的检查与清理

（1）检查构件的外形尺寸和安装位置尺寸。

（2）检查预埋件的位置和大小。

（3）检查构件的表面外形，有无损伤、缺陷、变形、扭曲、裂缝等，表面是否有污物，若有需要加以清除。

（4）检查构件吊环的位置，吊环有无损伤、变形等。

（5）检查构件的强度。

3.构件的拼装与加固

天窗架及大跨度屋架一般制成两个半榀，在施工现场拼装成整体。拼装工作一般均在拼装台上进行，拼装台要坚实牢固，不允许产生不均匀沉降。拼装方法有立拼和平拼两种，平拼构件在吊装前要临时加固后翻身扶直。

弹线

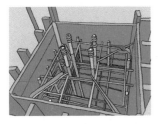

浇筑混凝土前的地脚螺栓

浇筑混凝土后的地脚螺栓

4.构件的弹线与编号

（1）柱的弹线：在柱身三面弹出安装中心线，所弹中心线位置与柱基杯口上的安装中心线相吻合。

（2）屋架的弹线：屋架上弦顶面应弹出几何中心线，并从跨中向两端分别弹出天窗架、屋面板或檩条的安装定位线；在屋架两端弹出安装中心线以及安装构件的两侧端线。

（3）梁的弹线：在两端及顶面弹出安装中心线和两端线。

（4）编号：按图纸将构件与安装的位置进行对应编号处理。

5.基础的准备

基础与上部结构一般采用地脚螺栓连接。现浇基础结构时，要保证顶面标高准确，其误差要在 ±2mm以内；基础要垂直，其倾斜度要小于1/1000；锚栓位置也要准确，误差在支座范围内5mm。

★吊装准备的目的是减少高空作业，使吊装顺利进行。

6.2.2 柱子吊装

构件的吊装工艺包括绑扎、吊升、对位、临时固定、校正、最后固定等工序。

> **核心知识**：柱子吊装过程受力发生变化，需验算构件的安全性。

一、绑扎

柱子的绑扎位置和绑扎点数，应根据柱的形状、断面、长度、配筋和起重机性能等情况确定。自重13t以下的中、小型柱，多采用一点绑扎；重型或配筋小而细长的柱则需要绑扎两点，甚至三点。有牛

斜吊绑扎法

直吊绑扎法

腿的柱，一点绑扎的位置，常选在牛腿以下200mm处；工字形断面柱的绑扎点应选在矩形断面处，否则应在绑扎位置用方木加固翼缘，以免翼缘在起吊时破坏。

（1）斜吊绑扎法：当柱平卧起吊的抗弯能力能够满足要求时，可采用斜吊绑扎。斜吊绑扎法平卧起吊，柱不需要翻身，吊起后呈倾斜状态。

（2）直吊绑扎法：当柱平卧起吊的抗弯能力不足时，吊装前需先将柱翻身后再绑扎起吊，要采用直吊绑扎法，吊起时呈竖直状态。

二、吊升

柱子的吊升方法，根据柱子的重量、长度、起重机性能和现场施工条件而定。重型柱有时要用两台吊车进行抬吊；中小型柱用一台吊车时，根据柱在吊升过程中运动的特点，吊升方法可分为旋转法和滑行法两种。

（1）旋转法。要求柱子在平面布置时，柱脚靠近柱基础，柱的绑扎点、柱脚和基础中心位于以起重半径为半径的圆弧上，称为三点共弧旋转法。采用旋转法起吊时，保持起重半径不变，起重机边升钩边回转起重臂，使柱绕柱脚旋转而呈直立状态，然后将其插入基础。

（2）滑行法。柱子的绑扎点靠近基础布置，且绑扎点与基础中心位于以起重半径为半径的圆弧上。吊装作业时，保持起重半径不变，起重机升钩使柱脚沿地面缓缓滑行。当柱吊离地面后，起重机转臂使柱子对准基础就位。

柱子的吊升过程中旋转法施工效率较高，滑行法只需升钩一个动作，安全性较高。滑行法适用于柱较重、现场狭窄或采用桅杆式起重机吊装等情况。

三、对位和临时固定

在地脚螺栓上按设计标高先放置调平螺母，再起吊柱子，使柱子底板的预留洞与地脚螺栓对齐并插入，在地脚螺栓上部再放置锁紧螺母。调整起重机标高，使柱子达到设计高程，从上下两个方向拧紧螺母。在柱子底部放置垫板临时固定，保证柱子不发生位移，再取下柱子吊钩。

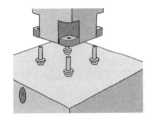
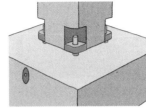
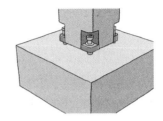

四、校正

柱的校正，包括平面位置和垂直度的校正。平面位置在临时固定时多已校正好，而垂直度的校正要用两台经纬仪从柱的相邻两面来测定柱的安装中心线是否垂直。要求垂直度偏差的允许值为：柱高≤5m时为5mm；柱高>5m时为10mm；柱高≥10m时为1/1000柱高，但不得大于20mm。垂直度校正的常用方法有：螺旋千斤顶校正法、敲打楔块校正法、钢管撑杆校正法、缆风绳校正法等。

五、固定

校正完后应及时在柱底四周与基础的空隙之间浇筑细石混凝土，捣固密实，使柱完全嵌固在基础内。

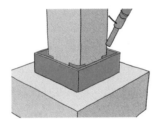
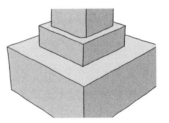

6.2.3 吊车梁吊装

单层工业厂房吊车梁常采用钢结构。

吊车梁吊装的工艺流程：

绑扎 → 起吊 → 就位 → 校正 → 固定

> **核心知识**：吊车梁就位时要防止侧翻。

吊车梁吊装时，应两点绑扎，对称起吊。当跨度为12m时可采用横吊梁，一般为单机起吊。对特种吊车梁，可也采用双机起吊。起吊后应使吊车梁基本保持水平。

吊车梁吊装后需校正其标高、平面位置和垂直度。

吊车梁就位

吊车梁螺栓固定

吊车梁的标高主要取决于柱牛腿标高，一般只要牛腿标高准确，其误差就不大。如仍有微差，可待安装轨道时再调整。

吊车梁垂直度和平面位置的校正可同时进行。

吊车梁的垂直度校正可用垂球检查，偏差值应在5mm以内。如有偏差时，可在两端支座处加斜垫铁纠正，每叠垫铁不得超过3块。

吊车梁平面位置的校正，主要是检查吊车梁纵轴线以及两列吊车梁间的跨度是否符合要求。按照规范要求，轴线偏差不得大于5mm，在屋架安装前校正时，跨距不得有正偏差，以防屋架安装后柱顶向外偏移。

吊车梁直线度的检查校正方法有通线法、平移轴线法、边吊边校法等。

吊车梁校正后，应立即焊接固定或用螺栓固定。吊车梁固定后方可移开吊钩，确保安全。

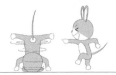

6.2.4 屋盖系统吊装

屋盖系统包括有屋架、屋面板、天窗架、支撑、天窗侧板及天沟板等构件。

一、屋架的绑扎方法

屋架绑扎点应设在上弦节点处, 左右对称。吊点的数目及位置一般由设计确定, 设计无规定时应经吊装验算确定。当屋架跨度≤18m时采用两点绑扎; 屋架跨度为18~24m时采用四点绑扎; 跨度为30~36m时采用横吊梁四点绑扎。吊索与水平面的夹角不小于45°。

| 两点绑扎 | 四点绑扎 | 横吊梁四点绑扎 |

二、屋架的翻身扶直

屋架都是平卧生产, 吊装前必须先翻身扶直。由于屋架平面刚度差, 翻身中易损坏, 18m以上的屋架应在屋架两端用方木搭设井字架, 高度与下一榀屋架上平面相同, 以便屋架扶直后搁置其上。扶直方法有正向扶直和反向扶直。起重机位于屋架下弦一侧为正向扶直, 起重机位于屋架上弦一侧为反向扶直, 应尽可能采用正向扶直。屋架扶直后, 应立即进行就位。

三、屋架的吊升

屋架起吊后保持水平, 不晃动、倾翻, 吊离地面50cm后将屋架中心对准安装位置中心, 然后徐徐垂直升钩。吊升超过柱顶约30cm, 用缆风绳旋转屋架使其对准柱顶, 落钩时应缓慢进行, 并在屋架接触柱顶时即刹车进行对位。

四、屋架对位及临时固定

屋架对位应以定位轴线为准。第一榀屋架就位后在其两侧用四根缆风绳临时固定, 并用缆风绳来校正垂直度。其他屋架的临时固定, 屋架跨度在15m以内的用1

根校正器，18m以上的用2根校正器。临时固定稳妥后吊车方能脱钩。

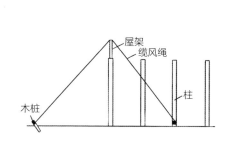

第一榀屋架用缆风绳临时固定

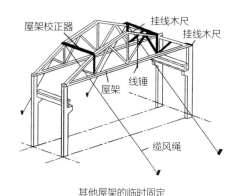

其他屋架的临时固定

五、屋架校正与最后固定

屋架的垂直偏差可用锤球或经纬仪检查，在屋架的中间和两端设置三处卡尺。挑出屋架中心线50cm，观测三个卡尺的标志是否在同一垂直面上，存在误差时，用转动工具对屋架校正器上的螺栓加以校正，在屋架两端的柱底上嵌入斜垫铁。校正无误后立即用电焊或螺栓固定。

六、天窗架及屋面板吊装

天窗架常用单独吊装，也可与屋架拼装成整体同时吊装。单独吊装时，应待屋架两侧屋面板吊装后进行，采用两点或四点绑扎，并用工具式夹具或圆木进行临时加固。

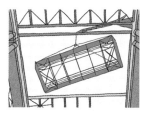

天窗架

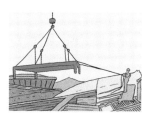

吊装屋面板起吊

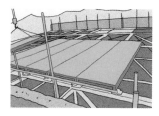

屋面板固定

屋面板多采用一钩多块平吊或叠吊法，以发挥起重机的效能。吊装顺序：由两边檐口开始，左右对称逐块向屋脊安装，避免屋架承受半跨荷载。屋面板对位后应立即焊接牢固，每块板焊接不少于三个角点。

多块平吊

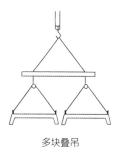

多块叠吊

6.2.5 起重机械选择

一、起重机的类型选择

1.考虑因素

（1）结构的跨度、高度、构件重量和吊装工程量；

> **核心知识**：起重机型号需同时满足多个构件的吊装要求。

（2）施工现场条件；

（3）工期要求；

（4）施工成本要求；

（5）本企业或本地区现有起重设备。

2.常见选择

（1）吊装工程量较大的单层装配式结构宜选用履带式起重机；

（2）工程位于市区或工程量较小的装配式结构宜选用汽车式起重机；

（3）道路遥远或路况不佳的偏僻地区吊装工程可考虑独脚拔杆、人字拔杆或桅杆式起重机等简易起重机械；

（4）对多层装配式结构，常选用大起重量的履带式起重机或塔式起重机；

（5）对高层或超高层装配式结构则需选用附着式或内爬式塔式起重机。

二、起重机的型号选择

选择原则：所选起重机的三个参数，即起重量 Q、起重高度 H、起重半径 R 均需满足结构吊装要求。

1.起重量

起重机的起重量必须大于所安装最重构件的重量与索具重量之和：

$$Q \geqslant Q_1 + Q_2$$

式中　Q_1——构件重量，t；

　　　Q_2——索具重量，t。

2.起重高度

起重机的起重高度必须满足所吊装构件的高度要求：

$$H \geqslant h_1 + h_2 + h_3 + h_4$$

式中　h_1——安装支座表面高度，m；

h_2——安装间隙，m，应不小于0.3m；

h_3——绑扎点至构件起吊后底面的距离，m；

h_4——索具高度，即绑扎点至吊钩的距离，m。

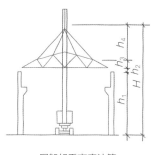

屋架起重高度计算   柱子起重高度计算

3.起重半径

当起重机的停机位不受限制时，对起重半径没有要求。

当起重机的停机位受限制时，需根据起重量、起重高度和起重半径三个参数查阅起重机性能曲线来选择起重机的型号及臂长。

当起重机的起重臂需跨过已安装的结构去吊装构件时，为避免起重臂与已安装结构相碰，则需采用数解法或图解法求出起重机的最小臂长 L 及起重半径 R。根据最小起重臂长度 L 和相应的起重半径 R，查阅起重机性能曲线或性能表，复核起重量 Q 及起重高度 H，如能满足构件吊装要求，即可进一步根据相关参数确定起重机吊装作业时的停机位置。

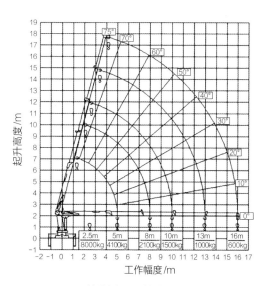

某随车起重机性能曲线

★按各种最不利状态验算，选择所有条件下均能满足要求的起重机械，再进行经济性比较，最终确定型号。

6.2.6 结构吊装方法

单层工业厂房的结构吊装方法有分件吊装法和综合吊装法两种。

> **核心知识**：优先采用分件吊装法，选用不同性能的起重机组合。

一、分件吊装法

（1）特点：起重机每开行一次，只吊装一种或几种构件。通常分三次开行即可吊装完全部构件——第一次开行吊装柱子；第二次开行吊装吊车梁、连系梁及柱间支撑；第三次开行以节间为单位吊装屋架、天窗架，屋面板及屋面支撑等。

（2）优点：构件校正、固定和焊接时间充分；构件可以分批进场，吊装现场不会过分拥挤，现场布置容易组织；每次吊装同类构件，吊具更换次数少，而且操作容易熟练，有利于提高安装效率。

（3）缺点：起重机开行路线长，停机点多，不能为后续工程及早地提供工作面。

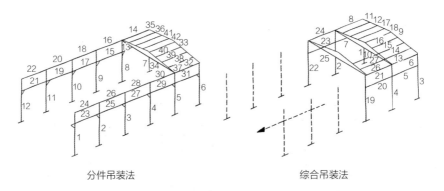

分件吊装法 综合吊装法

二、综合吊装法

（1）特点：以节间为单位，起重机开行一次即完成所有构件安装作业。一般先吊4~6根柱子，校正固定后立即吊装该节间吊车梁、屋架和屋面板等构件。

（2）优点：以节间为单位进行吊装，其他后续工种可进入已吊装完的节间内进行工作，有利于加快工程进度；起重机开行路线短。

（3）缺点：同时吊装多种类型构件，机械不能发挥最大效率；构件供应现场拥挤，校正困难。

6.2.7 起重机开行路线

起重机的开行路线及停机位置，与起重机的性能、构件的尺寸及重量、构件的平面位置、构件的供应方式以及吊装方法等问题有关。

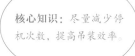

核心知识：尽量减少停机次数，提高吊装效率。

（1）吊装屋架及屋面板时，起重机大多沿跨中开行。

（2）吊装柱时，则应视厂房跨度大小、构件尺寸及重量、起重机性能，沿跨中开行或跨边开行。

如果用L表示厂房跨度，用b表示柱的开间距离，用a表示起重机开行路线到跨边的距离，起重半径R还应满足一定条件：

吊装柱子时，当其中半径$R \geq L/2$时，起重机沿跨中开行，每个停机位可吊两根柱子	当$R \geq \sqrt{\left(\dfrac{L}{2}\right)^2 + \left(\dfrac{b}{2}\right)^2}$，则可吊四根柱子	当$R < L/2$时，起重机沿跨边开行，每个停机位可吊一根柱子	当$R \geq \sqrt{a^2 + \left(\dfrac{b}{2}\right)^2}$，则可吊两根柱子

（3）当柱布置在跨外时，起重机一般沿跨外开行，停机位置与跨边开行相似。

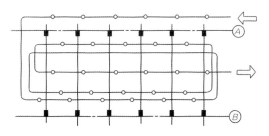

起重机开行路线及停机位置示例

起重机停机吊装

★构件布置与停机位置相对应，构件布置合理可避免场内的二次搬运。

6.3 装配式建筑

6.3.1 预制构件生产

装配式建筑是用装配式预制构件在施工现场组装而成的建筑。装配式预制构件来源于工业化生产，其生产质量有保障。相比传统建造方式，装配式建筑既能够更加快捷方便，又能够节省人力和材料。

> 核心知识：预制构件产品质量有保障。

一、组成

装配式预制构件主要有预制框架柱、叠合梁、叠合板、空调板、阳台板、楼梯板、内墙板、外墙板、夹心保温外墙板、外挂墙板等。

二、生产工序

装配式预制构件的生产工序为：清模→钢模制作→钢筋绑扎→预埋件安装→混凝土浇筑→养护→脱模→入库存放。

三、常用生产设备

①模具加工设备；②钢筋加工设备；③混凝土搅拌设备；④混凝土浇筑设备；⑤养护设备；⑥吊装码放设备。

四、预埋件

（1）钢筋连接件。包括直螺纹套筒、锥螺纹套筒、灌浆套筒等。

（2）起吊件、安装件。用于起吊时与吊具连接。

（3）保温连接件。用于连接预制夹心保温墙体的内、外页混凝土墙板，传递外页墙板剪力，以使内外页墙板形成整体。

生产车间

存放车间

预埋件

6.3.2 预制构件运输

预制构件运输宜选用平板车，车上应设有专用运输架，且有可靠的稳定构件措施。预制构件达到混凝土设计强度时方可运输。

> 核心知识：构件运输需考虑限行、限高、限重的要求。

一、运输方式

运输方式分为立运法和平运法，墙板等竖向构件采用立运法，楼板、屋面板、阳台板、楼梯、装饰板等构件采用平运法，并正确选择支垫位置。

（1）立运法：在平板车上设置专用运输架，墙板对称靠放或者插放在运输架上。预制外墙板若采用竖立式放置运输，倾角应大于80°，其与车接触部位垫软布。运输外墙板的时候，所有门窗必须扣紧，防止碰坏。

立运法

（2）平运法：将预制构件平放在运输车上，逐件往上叠放进行运输。

二、现场规划与布置

运输路线应在正式运输前制定，并实际考察该运输路线的路况，确定是否限行、限高、限重。运输道路应平整。

现场运输道路应平整坚实，以防止车辆摇晃时引致构件碰撞、扭曲和变形。运输车辆进入施工现场的道路，应满足预制构件的运输要求。

平运法

临时存放区域应与其他工种作业区之间设置隔离带或做成封闭式存放区域，尽量避免吊装过程中在其他工种工作区内经过，影响其他工种正常工作。

堆放场地布置应能满足构件堆放数量以及塔吊吊运半径范围，以免预制构件吊装时相互影响。同时避免构件二次吊运，堆垛之间宜设置通道。

临时存放

★应合理控制储存量，减少堆放场地面积。

6.3.3　预制墙的吊装

一、吊装工序

预制构件的吊装，一般遵循以下工序：

预制柱（墙）吊装→预制梁吊装→预制板吊装→预制外挂板吊装→预制阳台板吊装→楼梯吊装→现浇结构工程及机电配管施工→现浇混凝土施工。

> **核心知识**：确保两个斜支撑安装牢固后再解除墙板上的吊车吊钩。

二、预制墙的吊装方法

各构件吊装的方法类似，以预制墙为例，介绍构件吊装方法。

（1）定位放线。清理结合面，根据定位轴线，在已施工完成的楼层板上放出预制墙体定位边线及200mm控制线。同时在墙体吊装前，在预制墙体上放出500mm水平控制线，便于预制墙体安装过程中精确定位。墙板吊装前要对底板基础面进行测量，并在每块墙板下脚放置水平标高控制垫块。

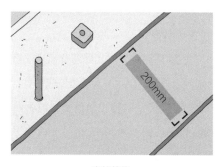

定位放线

调整偏位钢筋

（2）调整偏位钢筋。用钢筋卡具对钢筋的垂直度、定位及高度进行复核，对不符合要求的钢筋进行校正，针对偏位钢筋用钢筋套管进行校正。

（3）预制墙体吊装就位。采用专用吊梁，确保预制构件在吊装时吊装钢丝绳保持竖直。专用吊梁下方设置专用吊钩，用于悬挂吊索，进行不同类型预制墙体的吊装。

吊装前由质量负责人核对墙板型号、尺寸，检查质量无误后，由专人负责挂钩。起吊到距离地面500mm左右时，进行起吊装置安全确认。预制墙体吊装过程中，在距楼板面1000mm处减缓下落速度，由操作人员引导墙体降落。操作人员利用镜子，观察连接钢筋是否对孔，直至钢筋与套筒全部连接。

墙体吊装就位　　　　　　　墙体安装固定　　　　　　　　七字码加固

（4）安装斜向支撑及底部限位装置。预制墙体吊装就位后，先安装斜向支撑，用于固定和调节预制墙体，以确保预制墙体安装垂直度；再安装预制墙体底部限位装置七字码，用于加固墙体与主体结构的连接，确保后续灌浆以及暗柱混凝土浇筑时不产生位移。

通过靠尺核准墙体垂直度，通过水准仪核准墙体标高，确保构件的水平位置及垂直度均达到允许误差5mm之内。墙板垂直度调整，通过两根斜支撑上的螺纹套管调整实现，两根斜支撑要同时调整。最后固定斜向支撑及七字码，摘钩。

（5）外墙安装完成后，进行节点处钢筋绑扎以及模板支护。

（6）塞缝。用干硬性砂浆作为塞浆料，将墙体与楼面之间的缝隙分隔为小于1.5m的封闭空间，塞缝效果要确保不漏浆。

（7）灌浆。待塞缝24小时后，准备灌浆，首先封堵下排灌浆孔，灌浆采用压力泵，从下孔注浆，待灌浆料从上排灌浆孔流出时，封堵上排灌浆孔，封堵最后一个灌浆孔时应持压30s，确保灌浆质量。

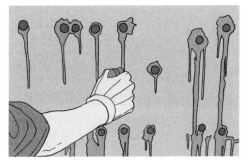

分仓塞缝　　　　　　　　　　　　　　　浆料从上排浆孔流出

6.3.4　灌浆套筒连接

装配式混凝土结构与现浇混凝土结构从形式上的明显区别，是构件分割预制造成的拼缝处混凝土不连续和钢筋截断。为实现"等同现浇"的装配整体式混凝土结构，其钢筋连接的可靠性成为关键技术问题。灌浆套筒连接就是最常用的一种技术手段。

核心知识：灌浆料要满灌，确保灌浆质量。

一、灌浆套筒定义

灌浆套筒是由专门加工的套筒、配套灌浆料和钢筋组装的组合体，在连接钢筋时通过注入快硬无收缩灌浆料，依靠材料之间的黏结咬合作用连接钢筋与套筒。灌浆套筒接头具有性能可靠、适用性广、安装简便等优点。

二、灌浆套筒的形式

（1）全灌浆套筒。全灌浆套筒接头的两端采用灌浆方式连接钢筋，灌浆连接端所需要的钢筋锚固长度较长，适用于竖向构件和横向构件的钢筋连接，主要用于两个构件在后浇段的连接，以便于钢筋装配插入。

（2）半灌浆套筒。半灌浆套筒在预制构件端采用直螺纹方式连接钢筋，现场装配端采用灌浆方式连接钢筋，直螺纹连接端所需要的钢筋锚固长度小于灌浆连接端所需的钢筋锚固长度。半灌浆套筒接头尺寸较小，适用于竖向构件的连接，主要用于预埋在预制构件中。

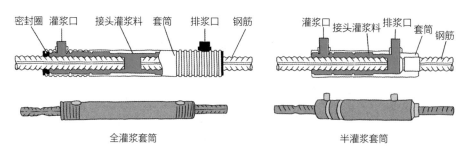

全灌浆套筒　　　　　　　　　　　半灌浆套筒

三、高强灌浆料

（1）高强灌浆料是以水泥为基本材料，配以细骨料、外加剂和其他材料组成的干混料。

（2）高强灌浆料加水搅拌后具有良好的流动性及早强、高强、微膨胀等性能，填充于套筒和带肋钢筋间隙内。

（3）其28d后抗压强度可以达到120MPa。

四、钢筋套筒灌浆连接原理

钢筋套筒灌浆是指通过空气压缩机将空气由气管输送至灌有搅拌充分的钢筋连接用高性能灌浆料的灌浆压力罐，致使灌浆压力罐压力增大，在压力的作用下，将罐内的灌浆料拌合物压出，通过导管从灌浆孔进入封堵严密的预制墙板灌浆仓内，从而完成灌浆。硬化后的灌浆料分别与钢筋和灌浆套筒发生握裹作用，将一根钢筋中的力传递至另一根钢筋，实现钢筋连续可靠传力。

灌浆过程

五、灌浆套筒施工工艺

竖向构件吊装就位→基层处理→灌浆腔密封→灌浆施工准备→制备接头浆料→检查接头浆料→压入灌浆→灌浆料外溢→停止注浆→塞住橡塞灌浆料→拆除构件上的灌浆排浆管→封堵→终检→套筒连接试验。

★灌浆料同条件养护试件抗压强度达到35MPa后。方可进行对预制墙板有扰动的后续施工。

7

防水工程

7.1 防水材料

7.1.1 防水工程的分类

建筑工程经常与水接触的部位需要做防水处理。防水工程施工质量直接影响工程的使用功能和使用寿命。防水工程分类如下：

核心知识：防水的核心是减少渗水通道。

一、按构造做法

（1）结构自防水：依靠材料自身密实性及构造措施防水。

（2）防水层防水：使用附加防水材料做成防水层防水。

二、按材料种类

（1）刚性防水：采用的是刚性防水材料，包括砂浆、细石混凝土；

（2）柔性防水：采用的是柔性防水材料，包括各类卷材、沥青胶结材料和涂膜防水等。

三、按工程部位

（1）屋面防水：屋面防水工程主要是防止雨、雪等对屋面的间歇性浸透作用。

（2）地下防水：地下防水工程主要是防止地下水对建筑物（构筑物）的经常性浸透作用。

（3）室内防水：包括卫生间防水、厨房防水、阳台防水等，主要是防止用水部位的水对建筑的周期性浸透作用。

结构自防水

防水层防水

★防水层的更换需要剥离建筑表面，施工麻烦，故要采用耐久性好的材料。

7.1.2 防水卷材

沥青是传统柔性防水材料，由于其高温易流淌、低温易冷脆的缺点，使用寿命低，趋于淘汰。目前，应用最为广泛的是高聚物改性沥青和合成高分子材料，其均具有较长的使用寿命。

> 核心知识：防水卷材具有较好的抵抗变形能力。

防水卷材是将沥青类或高分子类防水材料浸渍在胎体上制作成的防水材料产品，它是建筑防水材料的主要品种之一，其用量占我国全部防水材料用量的90%。

一、高聚物改性沥青防水卷材

它是以合成高分子聚合物改性沥青为涂盖层，聚酯无纺布（PY）或玻纤毡（G）为胎体，聚乙烯膜、铝薄膜、砂粒、彩砂、页岩片等材料为覆面材料制成的可卷曲的片状防水材料。

高聚物改性沥青防水卷材具有纵横向拉力大、延伸率好、韧性强、耐低温、耐老化、耐紫外线、耐温差变化等优良性能，目前常用的有SBS改性沥青防水卷材、APP改性沥青防水卷材、化纤胎改性沥青防水卷材、PVC改性焦油沥青防水卷材等，一般宽度1m，厚度2~5mm，长度10m。

卷材覆面材料

SBS改性沥青防水卷材

二、合成高分子防水卷材

它是以合成橡胶、合成树脂为基料，加入适量的化学助剂和填充料加工而成的可卷曲的片状防水材料。

合成高分子卷材具有高强度、高伸长率、高撕裂强度和耐高低温、耐臭氧、耐老化、寿命长等特性，目前常用的有三元乙丙橡胶防水卷材、丁基橡胶防水卷材、聚氯乙烯防水卷材、氯化聚乙烯防水卷材等，一般宽度为1.0~1.2m，厚度有1mm、1.2mm、1.5mm、2mm四种规格，长度10~20m。

合成高分子卷材展开

合成高分子卷材包装

卷材要储存在阴凉通风的室内，避免雨淋、暴晒和受潮，严禁接近火源；运输、堆放时应竖直搁置，高度不超过两层。先到先用，避免因长期储存而变质。

三、胶黏剂

胶黏剂是主要用于基层与卷材、卷材与卷材之间，起到黏结作用的一种流态或半流态材料，选用时应与卷材的材性相容。胶黏剂一般由卷材厂家配套生产和供应。

（1）改性沥青卷材胶黏剂

高聚物改性沥青卷材的胶黏剂主要有氯丁橡胶改性沥青胶黏剂、CCTP抗腐耐水冷胶料，前者主要用于卷材与基层、卷材与卷材的黏结，后者具有抗腐蚀、耐酸碱、防水和耐低温等特殊性能。

（2）合成高分子卷材胶黏剂

合成高分子卷材的胶黏剂主要有氯丁系胶黏剂、丁基胶黏剂、BX-12胶黏剂等。

胶黏剂桶

7.1.3 防水涂料

防水涂料按其形态可分为溶剂型、反应型和水乳型三类。

溶剂型涂料成膜迅速，但易燃、有毒。

反应型涂料是由两个组分构成，涂料成膜时体积不收缩，但配制须精确。

> 核心知识：防水涂料要考虑其安全性与适用性。

水乳型涂料可在较潮湿的基面上施工，但黏结力较差，且低温时成膜困难。

一、高聚物改性沥青防水涂料

它是以沥青为基料、用高分子聚合物进行改性配制成的水乳型或溶剂型防水涂料，其柔韧性、抗裂性、强度、耐高低温性能及寿命均有较大改善，常见的有氯丁橡胶改性沥青涂料、SBS改性沥青涂料、APP改性沥青涂料、再生橡胶改性沥青涂料、PVC改性煤焦油涂料。

二、合成高分子防水涂料

它是以合成橡胶或合成树脂为成膜物质配制成的反应型、水乳型或溶剂型防水涂料，具有高弹性、防水性、耐久性和优良的耐高低温性能。常见的有聚氨酯防水涂料、丙烯酸防水涂料、有机硅防水涂料。

三、胎体增强材料

亦称加筋材料、加筋布，主要是指聚酯、化纤无纺布和玻璃纤维网格布，作用是增加涂料的抗裂性。

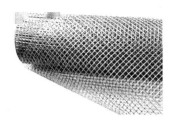

高聚物改性沥青防水涂料　　　　合成高分子防水涂料　　　　　　胎体增强材料

7.1.4 密封防水材料

密封防水材料是指为了填堵建筑物的施工缝、结构缝、板缝、门窗缝及各类节点处的接缝，达到防水、防尘、保温、隔热、隔声等目的的建筑材料。

核心知识： 采用密封防水材料处理线状防水问题。

一、改性沥青密封材料

1.建筑防水沥青嵌缝油膏

建筑防水沥青嵌缝油膏是以石油沥青为基料，加入改性材料及填充料混合制成的冷用膏状材料。其主要用于填嵌建筑物的防水接缝。

2.聚氯乙烯建筑防水接缝油膏

聚氯乙烯建筑防水接缝油膏是以聚氯乙烯树脂为基料，加入适量的改性材料及其他添加剂配制而成的一种弹塑性热施工的密封材料。

嵌缝油膏

二、合成高分子密封材料

1.沥青胶泥

沥青胶泥为高分子防腐防水材料，为永久性防腐防水材料。有适用范围广、使用寿命长，耐候性好、抗变形、拉伸强度高、延伸率大，对基层收缩和开裂变形适应性强，抗酸性、抗碱性、防腐防水性能优越，在复杂部位容易施工的特点。

2.聚硫密封膏

聚硫密封膏是以液态聚硫橡胶为基料、金属过氧化物等为硫化剂的双组分型密封膏。基料和硫化剂可在常温下反应，生成弹性体。

沥青胶泥桶

聚硫密封膏

7.1.5 止水材料

一、止水条

止水条是靠吸水膨胀后与混凝土挤密，堵塞空隙来止水的，规格尺寸一般为20mm×30mm或50mm×50mm。

止水条的止水效果一般，主要针对土层中的毛细水，适用于地下无水的建筑物的次要部位或要求不严的部位，如地下水位以上的地下室外墙、基础筏板等，不适宜用在表面有覆土或种植土的地下车库顶板上。

遇水膨胀止水条是由高分子无机吸水膨胀材料与橡胶及助剂合成的具有自粘性能的一种新型建筑防水材料。

> **核心知识：**止水材料可切断水的渗透路径或延长渗透路径减少渗漏。

止水条

二、止水带

止水带是为防止水分渗透而制作安装的带状物，宽度200~350mm不等，按设计选用，可起到延长渗径的作用，在混凝土浇筑过程中部分或全部浇埋在混凝土中，具有一定的强度和韧性。

止水带具有良好的弹性、耐磨性、耐老化性和抗撕裂性能，其适应变形能力强、防水性能好，温度使用范围为-45℃~60℃。止水带可用于混凝土浇筑的变形缝和伸缩缝，用于没有水的地下建筑物，用于建筑物的次要部位或要求不严格的地方。

止水带按材料可分为橡胶止水带、塑料止水带和橡胶加钢边止水带3种。我国多用橡胶止水带，常用的规格有300mm×6mm，300mm×8mm，300mm×10mm，350mm×8mm，400mm×10mm等，按使用情况分为中埋式橡胶止水带和背贴式橡胶止水带。止水带具有多种形状。

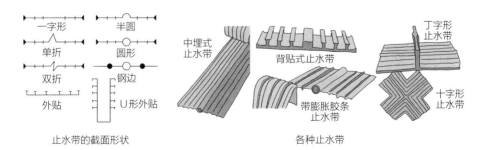

止水带的截面形状　　　　各种止水带

三、止水钢板

止水钢板常用于箱形基础或地下室的施工缝。增加止水钢板后，水沿着新旧混凝土接槎位置的缝隙渗透时，碰到止水钢板即无法再往里渗，止水钢板起到了切断水渗透路径的作用。即使沿着止水钢板与混凝土之间的缝隙渗透，止水钢板有一定宽度，也延长了水的渗透路径，同样可以起到防水作用。

止水钢板不仅能起到止水作用，还具有耐腐蚀性能，止水效果好，适用于有地下水的构筑物，如水池等有水的建筑，以及埋深在地下水位以下的水平向施工缝处。但因其刚度太大，不适宜用在变形大的部位。

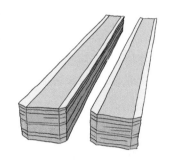
止水钢板

钢板止水带的规格型号主要有200mm×2mm、200mm×3mm、300mm×2mm、300mm×3mm、350mm×2mm、350mm×3mm、400mm×4mm、450mm×4mm等，新旧混凝土内各埋置一半。两块钢板之间的焊接要饱满且为双面焊，钢板搭接不小于200mm。止水钢板可以用小钢筋焊在主筋上以作为支撑。

止水钢板施工

四、止水螺栓

止水螺栓由高强度钢材制成，从而可保证螺栓的抗拉承载力。止水螺杆通常用于地下室剪力墙的浇筑，可以起到固定模板，控制混凝土浇筑厚度的作用。

止水螺杆中间设止水片，拆模时，则锯掉墙外两头后，中间段留在墙体中，以保证墙体的不透水性。

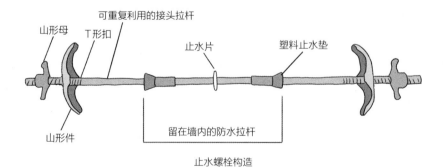
止水螺栓构造

7.1.6 防水混凝土

防水混凝土是指抗渗等级大于或等于P6级别的混凝土，具有取材容易、施工简便、工期较短、耐久性好、工程造价低等优点，主要用于工业、民用建筑地下工程，取水构筑物，以及受干湿交替作用或冻融作用的工程。

> 核心知识：防水混凝土一般用于地下工程。

防水混凝土是以调整混凝土配合比或掺外加剂的方法来提高混凝土的密实度、抗渗性、抗蚀性的混凝土，以满足设计对地下建筑的抗渗要求，达到防水的目的。

在普通防水混凝土中，水泥砂浆除满足填充、黏结作用外，还要求在石子周围形成一定数量和质量良好的砂浆包裹层，减少混凝土内部毛细管、缝隙的形成，切断石子间相互连通的渗水通路，满足结构抗渗防水的要求。

普通防水混凝土宜采用普通硅酸盐水泥、火山灰硅酸盐水泥、粉煤灰硅酸盐水泥，水泥强度等级不低于32.5级。骨料粒径不宜大于40mm，吸水率不大于1.5%，含泥量不大于1%。防水混凝土的水灰比不得大于0.55，在保证振捣密实的前提下水灰比尽可能小，坍落度不宜大于50mm。普通防水混凝土的配合比应通过试验选定。选定配合比时，应按设计要求的抗渗等级提高0.2MPa为宜。

外加剂防水混凝土是在混凝土中加入一定量的外加剂，如减水剂、加气剂、防水剂及膨胀剂等，以改善混凝土性能和结构的组成，提高其密实性和抗渗性，达到防水要求。常用的外加剂防水混凝土有：三乙醇胺防水混凝土；加气剂防水混凝土；减水剂防水混凝土；氯化铁防水混凝土。

为了使防水混凝土受力均匀，有良好的抗裂和抗渗能力，在混凝土中配置直径为4mm、间距为100~200mm的双向钢筋网片，且钢筋网片在分格缝处应断开，其保护层厚度不小于10mm。

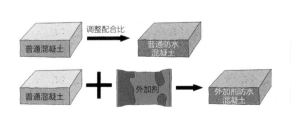

★屋面长期受日照，热胀冷缩效应强烈，混凝土易开裂，混凝土防水效果不好。

7.1.7　防水砂浆

一、定义

防水砂浆是一种刚性防水材料，通过提高砂浆的密实性及改进抗裂性以达到防水抗渗的目的。

二、适用范围

防水砂浆抵抗变形能力差，主要用于不会因结构沉降，温度、湿度变化，以及受振动等产生有害裂缝的防水工程。

三、防水砂浆分类

1.刚性多层抹面水泥砂浆

由水泥加水配制的水泥素浆和由水泥、砂、水配制的水泥砂浆，将其分层交替抹压密实，以使每层毛细孔通道大部分被切断，残留的少量毛细孔也无法形成贯通的渗水孔网。硬化后的防水层具有较高的防水和抗渗性能。

2.掺防水剂防水砂浆

在水泥砂浆中掺入各类防水剂以提高砂浆的防水性能，常用的掺防水剂防水砂浆有氯化物金属类防水砂浆、金属皂类防水砂浆和超早强剂防水砂浆等。

3.聚合物水泥防水砂浆

用水泥、聚合物分散体作为胶凝材料与砂配制而成的砂浆。聚合物水泥砂浆硬化后，砂浆中的聚合物可有效地封闭连通的孔隙，增加砂浆的密实性及抗裂性，从而可以改善砂浆的抗渗性及抗冲击性。

聚合物分散体是在水中掺入一定量的聚合物胶乳（如合成橡胶、合成树脂、天然橡胶等）及辅助外加

核心知识：防水砂浆起到黏结和防水双重作用。

桶装防水砂浆

袋装防水砂浆

剂（如乳化剂、稳定剂、消泡剂、固化剂等），经搅拌而使聚合物微粒均匀分散在水中的液态材料。常用的聚合物品种有：有机硅、阳离子氯丁胶乳、乙烯–聚醋酸乙烯共聚乳液、丁苯橡胶胶乳、氯乙烯–偏氯化烯共聚乳液等。

4.益胶泥

高分子益胶泥是一种将多种进口高分子材料与一定比例的硅酸盐水泥、粉砂等混合，通过科学配比及特殊工艺加工而成的单组分、干粉状，集防水、黏结和堵漏功能集于一体的无毒无味的新型刚性防水粘贴材料，属水泥基聚合物干粉防水砂浆。

高分子益胶泥黏结力大、抗渗性好、耐水、耐裂。其施工适应性好，能在立面和潮湿基面上进行操作，可用作民用及工业建筑防水层、界面剂，亦用作防潮抗裂层及黏结层，也可用于外墙面、外墙外保温防渗抗裂层，还可用于瓷砖、锦砖、大理石等石板材的粘贴。

高分子益胶泥

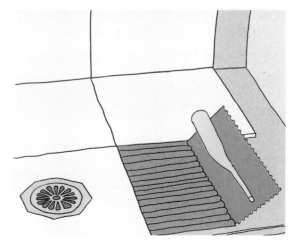

益胶泥施工

★防水砂浆缺点是干固后没有任何柔性，不能抵御一丝一毫的基层形变，容易导致渗漏。

7.2 屋面防水

7.2.1 工程防水级别

工程防水应遵循因地制宜、以防为主、防排结合、综合治理的原则。

> **核心知识：** 各种防水做法的目的是满足工程防水设计的工作年限。

一、工程防水设计工作年限

（1）地下工程防水设计工作年限不应低于工程结构设计工作年限；

（2）屋面工程防水设计工作年限不应低于20年；

（3）室内工程防水设计工作年限不应低于25年。

二、工程防水级别

工程按其防水功能重要程度分为甲类、乙类、丙类，工程防水使用环境类别划分为Ⅰ类、Ⅱ类、Ⅲ类，工程防水等级依据工程类别和工程防水使用环境类别分为一级、二级、三级。

工程防水等级	一级防水	二级防水	三级防水
工程类别和工程防水使用环境类别	Ⅰ类、Ⅱ类防水使用环境下的甲类工程；Ⅰ类防水使用环境下的乙类工程	Ⅲ类防水使用环境下的甲类工程；Ⅱ类防水使用环境下的乙类工程；Ⅰ类防水使用环境下的丙类工程	Ⅲ类防水使用环境下的乙类工程；Ⅱ类、Ⅲ类防水使用环境下的丙类工程。

三、工程防水做法

所谓一道防水设防，是指具有单独防水能力的一个防水层次。应根据不同的屋面类型及防水等级，选择相应的防水做法。

平屋面工程的防水做法

防水等级	防水做法	防水层	
		防水卷材	防水涂料
一级	不应少于3道	卷材防水层不应少于1道	
二级	不应少于2道	卷材防水层不应少于1道	
三级	不应少于1道	任选	

瓦屋面工程的防水做法

防水等级	防水做法	防水层		
		屋面瓦	防水卷材	防水涂料
一级	不应少于3道	为1道，应选	卷材防水层不应少于1道	
二级	不应少于2道	为1道，应选	不应少于1道；任选	
三级	不应少于1道	为1道，应选	—	

金属屋面工程防水做法

防水等级	防水做法	防水层	
		金属板	防水卷材
一级	不应少于2道	为1道，应选	厚度不应小于1.5mm
二级	不应少于2道	为1道，应选	为1道，应选
三级	不应少于1道	为1道，应选	

7.2.2 屋面防水构造

一、卷材防水屋面的构造

卷材防水屋面一般由结构层、隔汽层、保温层、找平层、结合层、卷材防水层和保护层等组成，其中是否设置保温层和隔汽层，要根据气温条件和是否需要保温的使用要求确定。

核心知识：分层控制屋面防水工程施工质量。

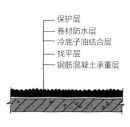

不保温卷材屋面构造

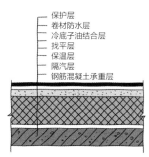

保温卷材屋面构造

（1）结构层：多为刚度好、变形小的各类钢筋混凝土屋面板。

（2）找平层：卷材防水层要求铺贴在坚固而平整的基层上，以防止卷材凹陷或断裂，因而应在铺设卷材以前先做找平层。找平层的厚度取决于基层的平整度，一般采用20mm厚的1∶3水泥砂浆或1∶8沥青砂浆。

（3）结合层：结合层的作用是在卷材与基层间形成一层胶质薄膜，使卷材与基层胶结牢固。改性沥青卷材和高分子卷材的结合层均为专用配套产品。

（4）防水层：防水卷材的铺贴方法有冷粘法、热熔法和自粘法三种。

（5）保护层：可使卷材不因光照和气候等的作用迅速老化，防止卷材受到暴雨的冲刷。

二、涂膜防水屋面的构造

涂膜防水屋面是指将以高聚物改性沥青或高分子合成材料为主体的涂料，涂布在经嵌缝处理的屋面板或找平层上，形成具有防水功能的坚韧涂膜的一种屋面。

涂膜防水屋面的构造与卷材防水屋面类似，其防水均属于柔性防水。

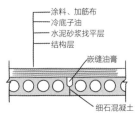

（a）无保温涂膜防水屋面

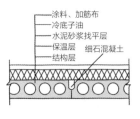

（b）有保温涂膜防水屋面

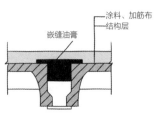

（c）槽形板涂膜防水屋面

涂膜防水屋面构造

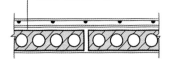

刚性防水屋面构造

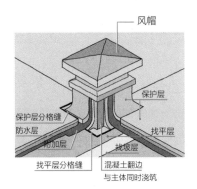

风帽出屋面防水构造

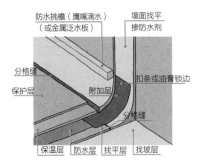

女儿墙泛水构造

三、刚性防水屋面的构造

（1）结构层：屋面结构层一般采用预制或现浇的钢筋混凝土屋面板。

（2）找平层：当结构层为预制钢筋混凝土板时，其上应用1：3水泥砂浆作找平层，厚度为20mm。若屋面板为整体现浇混凝土结构时则可不设找平层。

（3）隔离层：隔离层位于防水层与结构层之间，其作用是减少结构变形对防水层的不利影响。隔离层可采用铺纸筋灰、低标号砂浆或薄砂层上干铺一层油毡等做法。

（4）防水层：防水层通常采用不低于C20、厚度不小于40mm的细石混凝土整体现浇而成，并应配置直径为4～6mm、间距为100～200mm的双向钢筋网片，钢筋网片在分格缝处应断开。

四、细部防水构造

此外，对于屋顶建筑细部，应按规范规定的相应构造施工。

★刚性防水屋面由于长期受日照和温差影响，易开裂，一般作为防水安全储备，不独立成为一道防水设防。

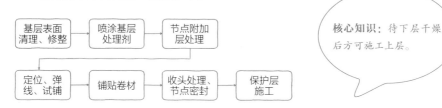

7.2.3 卷材防水屋面施工

卷材防水屋面的施工流程如下：

基层表面清理、修整 → 喷涂基层处理剂 → 节点附加层处理

定位、弹线、试铺 → 铺贴卷材 → 收头处理、节点密封 → 保护层施工

核心知识：待下层干燥后方可施工上层。

一、基层处理

基层是指防水层底下的构造层，要求有足够的强度和刚度，承受荷载时不致产生显著的变形。施工时要增加基层与卷材的黏结力。

1.找平层施工要求

找平层宜留设分格缝，缝宽宜为20mm，缝内应嵌填密封材料。分格缝应留设在板端处，纵横缝的最大间距为：采用水泥砂浆或细石混凝土做找平层时，不宜大于6m；用沥青砂浆做找平层时，不宜大于4m。找平层表面应压实、平整，排水坡度符合设计要求。找平层与突出屋面结构（如女儿墙、天窗壁、立墙、风道口等）的连接处、管根处及基层的转角处（檐口、天沟、屋脊、水落口等），均应做成圆弧。

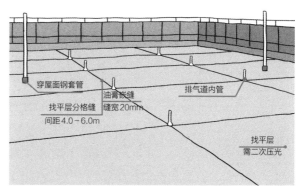

找平层分格缝构造

2.施工条件与基层处理

屋面防水层应在屋面以上工程完成，且找平层干燥后进行施工。其干燥程度可通过干铺1m²卷材，经3~4h后看底部有无水印的简易方法检验。

施工时需先进行基层处理，以增强卷材与基体的黏结力。基层处理剂的种类应与卷材的材性相容。基层处理剂可采用喷涂法或滚、刷涂法施工。基层处理剂干燥后应立即铺贴卷材。

二、防水卷材施工

1.环境要求

卷材铺贴应选择在天气好时进行，严禁在雨雪天施工，有五级以上的大风时不得施工，除热熔粘贴法可在-10℃以上气温施工外，其他均应在5℃以上时施工。若施工中途下雨、下雪，应做好卷材周边的防护工作。

滚刷基层处理剂

2.施工顺序

当铺贴连续多跨或高低跨屋面卷材时，应按先高跨后低跨、先远后近的顺序进行。每一跨大面积卷材铺贴前，应先做好节点、附加层和排水较为集中部位（如水落口处、檐口、天沟、檐沟、屋面转角处、板端缝等）的处理，然后再由屋面最低标高处向上施工，以保证顺水搭接。檐沟、天沟卷材应顺其长度方向铺贴，以减少搭接。

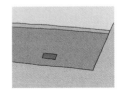
水落口附加层

3.铺设方向

当屋面坡度小于3%时，卷材宜平行于屋脊铺贴；当屋面坡度在3%～15%时，卷材可平行或垂直于屋脊铺贴；当屋面坡度大于15%或屋面受振动时，沥青防水卷材必须垂直于屋脊铺贴，高聚物改性沥青防水卷材和合成高分子防水卷材可平行或垂直于屋脊铺贴。卷材防水屋面的坡度不宜大于

出屋面管道附加层

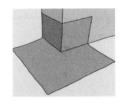
屋面转角附加层

25%，否则应在短边搭接处用钉子将卷材钉入找平层内固定，以防止卷材下滑。平行于屋脊铺贴时，由檐口开始，两幅卷材的长边搭接，应顺流水方向；短边搭接，应顺主导风向。对于多层卷材的屋面，其各层卷材的方向应相同，不得交叉铺贴。

4.搭接要求

为防止卷材接缝处漏水，卷材间应具有一定的搭接宽度。搭接缝处必须用沥青

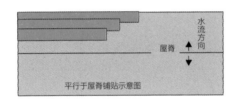
平行于屋脊铺贴示意图

垂直于屋脊铺贴示意图

胶仔细封严。

同层相邻两幅卷材短边搭接错缝距离不应小于500mm。卷材双层铺贴时，上下两层和相邻两幅卷材的接缝应错开至少1/3幅宽，且不应互相垂直铺贴。

防水卷材最小搭接宽度

防水卷材类型	搭接方式	搭接宽度/mm
聚合物改性沥青类防水卷材	热熔法、热沥青	≥ 100
	自粘搭接（含湿铺）	≥ 80
合成高分子类防水卷材	胶黏剂、黏结料	≥ 100
	胶粘带、自粘胶	≥ 80

5.卷材铺贴方法

（1）热熔法施工。热熔法是采用火焰加热器熔化热熔型防水卷材底部的热熔胶进行粘贴的施工方法。施工时用火焰枪将热熔胶加热熔化后作为胶黏剂，立即将卷材滚铺在屋面找平层上。滚铺时应排除卷材下面的空气，使之平整顺直。

热熔法施工

（2）冷粘法施工。冷粘法是指用冷胶黏剂将防水卷材粘贴在涂刷有基层处理剂的屋面找平层上的方法。冷粘法铺贴卷材时，胶黏剂涂刷应均匀、不露底、不堆积，卷材铺贴应平直整齐、搭接尺寸准确，不得扭曲、皱折。

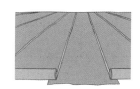

冷粘法施工

（3）自粘法施工。自粘法是采用带有自粘胶的防水材料，不用热施工，也不需要再涂胶结材料而进行粘贴的施工方法。

三、保护层施工

卷材屋面应有保护层，以减少雨水、冰雹冲刷或其他外力造成的卷材机械性损伤，并可折射阳光、降低温度，减缓卷材老化，从而增加防水层的使用寿命。

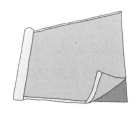

自粘法施工

保护层施工应在防水层经过验收合格，并将其表面清扫干净后进行。

★后期屋面安装支架时，不得在保护层上钻孔，以免破坏防水层。

7.2.4 涂膜防水屋面施工

一、涂膜防水屋面的特点

涂膜防水屋面是在屋面基层上涂刷防水涂料，其经固化后形成一层有一定厚度和弹性的整体涂膜，从而达到防水目的的一种防水屋面形式。

核心知识：待底层干燥结膜后，方可进行上一层施工。

优点：操作简单、施工速度快；多采用冷施工，可改善施工条件，减少环境污染；温度适应性良好；易于修补且价格低廉等。

缺点：涂膜的厚度在施工中较难保持均匀一致。

二、涂膜防水屋面的施工工艺

1.基层处理

检查基层质量是否符合规定和设计要求，并进行清理、清扫。若存在凹凸不平、起砂、起皮、裂缝、预埋件固定不牢等缺陷，应及时进行修补。

待屋面基层干燥后，涂布基层处理剂，以隔断基层潮气，防止防水涂膜起鼓。涂布要均匀，不得过厚或过薄，不允许见底，在底胶涂布后，干燥固化24h以上，才能进行防水涂膜施工。基层处理剂配料时要求计量准确，并搅拌充分。

2.节点部位附加增强处理

易渗漏的薄弱部位先增涂一布二油附加层，宽度为300～450mm。

3.涂料防水层施工

板面防水涂料层施工应在嵌缝完毕后进行，一般采用手工抹压、刷涂、滚涂或喷涂等方法。涂刷时，上下层应交错涂刷，接槎宜留在板缝处，接槎宽度不应小于100mm，每层涂刷厚度应均匀一致，一道涂刷完毕，必须待其干燥结膜后，方可进行下道涂层施工；涂料涂布应分条或按顺序进行，每次涂布前，应严格检查前遍

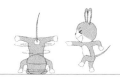

涂层是否有缺陷。在涂刷最后一道涂层时可掺入2%的云母粉或铝粉，以防涂层老化。在涂层结膜硬化前，不得在其上行走或堆放物品，以免破坏涂膜。

刷涂施工　　　　　　　　　滚涂施工　　　　　　　　　喷涂施工

4.收头处理

所有涂膜收头均应采用防水涂料多遍涂刷密实或用密封材料压边封固，压边宽度不得小于10mm。收头处的胎体增强材料应裁剪整齐，如有凹槽应压入凹槽，不得有翘边、皱折、露白等缺陷。

5.保护层施工

（1）若保护层为撒布材料（细砂、云母或蛭石），应在涂刷最后一遍涂层后，在涂层尚未固化前，再将撒布材料撒在涂层上。

（2）若保护层为块材（陶瓷锦砖、饰面砖等），应在涂膜完全固化后，再进行块材铺贴，并按照规范要求留设分格缝。

（3）采用浅色涂料做保护层时，宜在涂膜固化后施工。

三、防水涂料施工注意事项

（1）为加强涂料对基层开裂、房屋伸缩变形和结构沉陷的抵抗能力，在涂刷防水涂料时，可铺贴加筋材料，如玻璃丝布等。

（2）雨天或在涂层干燥结膜前可能下雨刮风时，均不得施工。不宜在气温高于35℃及日均气温在5℃以下时施工。

（3）当遇有降雨时，未完全固化的涂膜应覆盖保护。

（4）当设置胎体时，胎体应铺贴平整，涂料应浸透胎体，且胎体不应外露。

（5）如使用两种或两种以上不同防水材料时，应考虑不同材料之间的相容性，不相容则不得使用。

7.3 地下防水

7.3.1 地下防水构造

地下工程应遵循"防排结合，刚柔并用，多道防水，综合治理"原则，并根据建筑物的使用功能及使用要求，结合地下工程的防水等级，选择合理的防水方案。

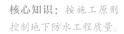

核心知识：按施工原则控制地下防水工程质量。

由于地下工程受地下水的长期性渗透作用，其迎水面主体结构应采用防水混凝土，属必选项。地下工程现浇混凝土主体结构防水做法以及对应的地下工程防水混凝土最低抗渗等级如右表。

主体结构防水做法

防水等级	防水做法	防水混凝土	外设防水层		
			防水卷材	防水涂料	水泥基防水材料
一级	不应少于3道	为1道，应选	不少于2道；防水卷材或防水涂料不应少于1道		
二级	不应少于2道	为1道，应选	不少于1道；任选		
三级	不应少于1道	为1道，应选	—		

注：水泥基防水材料指防水砂浆、外涂型水泥基渗透结晶防水材料。

地下防水施工时，遵循的施工原则包括：

（1）杜绝防水层对水的吸附和毛细渗透；

（2）接缝严密，形成封闭的整体；

（3）消除所留孔洞造成的渗漏；

（4）防止不均匀沉降而拉裂防水层；

（5）防水层做至可能渗漏范围以外。

明挖法地下工程防水混凝土最低抗渗等级

防水等级	市政工程现浇混凝土结构	建筑工程现浇混凝土结构	装配式衬砌
一级	P8	P8	P10
二级	P6	P8	P10
三级	P6	P6	P8

地下防水工程质量要求高，但薄弱部位多，包括变形缝、施工缝、后浇缝、穿墙管、螺栓、预埋件、预留洞、阴阳角等，施工时需精细施工，确保质量。

地下防水

★为了确保地下防水工程的施工质量，地下水位要求降低至防水工程底部最低高程以下500mm的位置，并应保持至整个防水工程完成。

7.3.2 防水混凝土施工

防水混凝土工程除精心设计、合理选材外，关键还要保证施工质量。对施工中的各主要环节，如混凝土的搅拌、运输、浇筑振捣、养护等，均应严格遵循施工及验收规范和操作规程的规定进行施工，以保证防水混凝土工程的质量。

> 核心知识：细部构造严格按要求施工。

一、施工要点

（1）防水混凝土工程的模板应平整且拼缝严密不漏浆，并有足够的强度和刚度，吸水率要小。

（2）一般不宜用螺栓或铁丝贯穿混凝土墙固定模板，当需要用螺栓贯穿混凝土墙固定模板时，应采取止水措施。一般可在螺栓中间加焊一块100mm×100mm的止水钢板，阻止渗水通路。

（3）为阻止钢筋的引水作用，迎水面防水混凝土的钢筋保护层厚度不得小于30mm，底板钢筋不能接触混凝土垫层。墙体的钢筋不能用铁钉或铁丝固定在模板上。严禁用钢筋充当保护层垫块，以防止水沿钢筋浸入。

（4）防水混凝土应用机械搅拌、机械振捣，浇筑时应严格做到分层连续进行，每层厚度不宜超过300～400mm。

（5）两层浇筑时间间隔不应超过2h，夏季适当缩短。混凝土进入终凝（一般为浇后4～6h）即应覆盖塑料薄膜、草帘等养护措施材料，浇水湿润养护不少于14d。

二、施工缝

底板的混凝土应连续浇筑，尽量少留施工缝；墙体不得留垂直施工缝，墙体水平施工缝不应留在剪力与弯矩最大处或底板与墙体交接处，最低水平施工缝距底板面不少于200mm，距穿墙孔洞边缘不少于300mm。

施工缝部位应认真做好防水处理，使两层之间黏结密实，延长渗水路线，阻隔地下水的渗透，施工缝常采用企口缝，如凸缝、凹缝、V形缝、阶形缝等。确需留设平口缝时，可采用加止水钢板、加遇水膨胀止水条或外贴防水层等措施。

继续浇筑混凝土前，应将处松散的混凝土凿除，清除浮料和杂物，用水清洗干净，保持润湿，铺上10～20mm厚水泥砂浆，再浇筑上层混凝土。

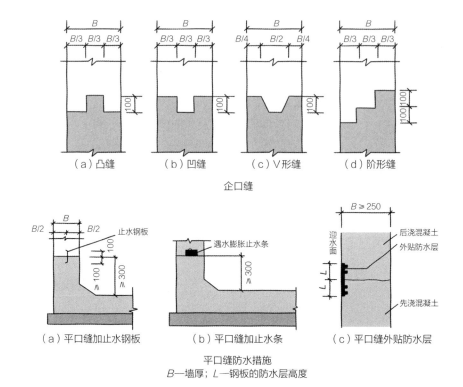

（a）凸缝　　　（b）凹缝　　　（c）V形缝　　　（d）阶形缝

企口缝

（a）平口缝加止水钢板　　（b）平口缝加止水条　　（c）平口缝外贴防水层

平口缝防水措施
B—墙厚；L—钢板的防水层高度

三、后浇带、穿墙管道、埋设件等细部构造处理

1.后浇带的防水施工要求

为防止混凝土由于收缩和温度差效应而产生裂缝，一般在防水混凝土结构较长或体积较大时设置后浇带。后浇带内的受力钢筋不应当切断，搭接接头应错开，此外，后浇带内的钢筋还应设置一定的加强。

2.穿墙管道的防水施工要求

（1）穿墙管止水环与主管或翼环与套管应连续满焊，并做好防腐处理。

（2）穿墙管处防水层施工前，应将套管内表面清理干净。

（3）套管内的管道安装完毕后，应在两管间嵌内衬填料，端部用密封材料填缝。

（4）穿墙管外侧防水层应铺设严密；增铺附加层时，应按设计要求施工。

3.埋设件的防水施工要求

（1）埋设件的端部或预留孔（槽）底部的混凝土厚度不得小于250mm；当厚度小于250mm时，必须局部加厚或采取其他防水措施。

（2）预留地坑、孔洞、沟槽的防水层，应与孔（槽）外的结构防水层保持连续。

（3）固定模板的螺栓必须穿过混凝土结构时，螺栓或套管应满焊止水环或翼环。

7.3.3　卷材防水施工

将卷材防水层铺贴在地下需防水结构的外表面时，称为外防水，卷材防水层可借助土压力压紧，并可与承重结构一起抵抗有压地下水的渗透和侵蚀作用，防水效果好。按其与防水结构施工的先后顺序，可分为外防外贴法和外防内贴法两种。

核心知识： 地下卷材防水施工与屋面基本一致。

一、外防外贴法

外防外贴法是指先铺贴底板卷材，四周留出卷材接头，再浇筑防水结构的底板和墙身混凝土，待墙体侧模拆除后，再铺四周防水层，最后砌筑保护墙。该方法能够有效保护地下工程主体结构免受地下水的侵蚀和渗透，是地下防水工程中最常见的防水方法。

二、外防内贴法

外防内贴法是指在地下构筑物四周先砌筑保护墙，然后在墙面与底板铺贴防水层，最后浇筑地下构筑物混凝土。只有当施工条件受限制时，才采用内贴法施工。

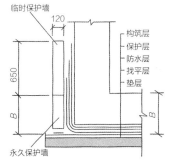

外防外贴法
B—底板厚度

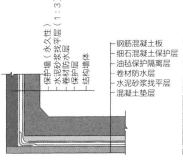

外防内贴法

★铺贴高聚物改性沥青卷材应采用热熔法施工；铺贴合成高分子卷材采用冷粘法施工。

7.4 室内防水

7.4.1 室内防水施工

一、室内防水特点

室内需设防水的部位通常用水频繁、环境潮湿，经常出现积水、渗漏，并且通常管道错综、贴角穿墙，防水施工复杂困难。

> 核心知识：闭水试验时，需到楼下检查渗漏情况。

二、施工位置

卫生间、浴室、厨房、阳台等。

三、卫浴的防水构造

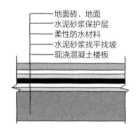

地面砖、地面
水泥砂浆保护层
柔性防水材料
水泥砂浆找平找坡
现浇混凝土楼板

卫浴地面防水构造

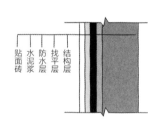

贴面砖　水泥浆　防水层　找平层　结构层

卫浴墙面防水构造

四、施工顺序

基层准备→涂刷底层胶→涂刷局部加强层→大面积施工→涂面层冷胶料→闭水试验→抹砂浆保护层→铺贴面层。

涂膜防水施工

涂层完工

1800mm

浴室防水

五、闭水试验

闭水试验是指卫生间防水施工完后在卫生间内蓄水200mm深，蓄水时间不得少于48小时，以检查卫生间防水层的质量。

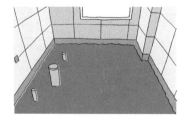

闭水试验

7.4.2 堵漏技术

水渗漏主要是由于结构层存在孔洞、裂缝和毛细孔，堵漏前，必须查明漏水原因，确定其位置，弄清水压大小，根据不同情况，采取不同措施。

> 核心知识：防水施工以防为主，堵漏只是补救措施。

堵漏的原则是：先把大漏变小漏，缝漏变点漏，片漏变孔漏，然后堵住漏水。

一、板面及墙面渗水

原因：结构层出现微孔、轻微裂缝；防水层有缺陷。

堵漏措施：

（1）拆除渗漏处饰面材料，刷防水涂料；

（2）开裂处先增强处理，后刷防水涂料；

（3）不严重且拆除困难，直接刮涂透明的聚氨酯防水涂料。

二、卫生洁具及穿楼板管道、排水管口等部位渗漏

原因：细部处理不当；基层有裂隙；材料黏结不牢；材料被拉裂。

堵漏措施：

（1）将漏水部位彻底清理，刮填弹性嵌缝材料；

（2）在渗漏部位涂刷防水材料，并粘贴纤维材料增强。

管道防水涂料　　　　周边防水涂料

★此外，常用混凝土防水抗渗剂堵漏。混凝土防水抗渗剂在微观一般表征为乱向分布的立体结构，密布于混凝土或砂浆层中，可以堵塞混凝土或砂浆的毛细通道，使水泥及水泥砂浆具有憎水性，提高混凝土的抗渗能力，增加其密实度和抗渗性。抗渗剂在加热时不能熔融，只能变软；不能在溶剂中溶解，只能微溶胀；所以能够有效弥补在施工过程中各种微小瑕疵。

8

装修工程

8.1　装修准备

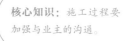

8.1.1　装修工程概述

装修是指为保护建筑物或构筑物的主体结构、完善使用功能和达到美化效果，采用装修材料或饰物，对其内外表面及空间进行的各种处理。

> 核心知识：施工过程要加强与业主的沟通。

一、主要特点

（1）工程量大，工期长，造价高；

（2）项目繁多、工序复杂、交叉工序多；

（3）施工质量影响因素多，质量要求高；

（4）新材料、新工艺、新方法发展迅速；

（5）个性化要求高，有定制需求，且需求可变。

二、施工工序

施工准备→墙体改造→水电铺设→泥工工程→木工工程→油漆工程→水电扫尾→装饰工程。

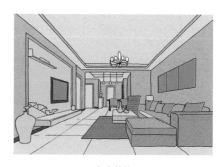

家庭装修

三、施工注意事项

（1）保护结构主体，做好基体处理并保护结构及设备；

（2）优选装修材料，注意表面质量与内在质量的关系；

酒店装修

（3）做好施工防护，减少施工对周边环境的影响；

（4）强化沟通协调，做好业主、邻居、施工队、材料商等沟通工作，减少返工。

★装修工程工序繁多，每项工序需要配置不同人员。

8.1.2 装修材料

建筑空间环境的装饰效果主要是由装饰装修材料通过合理的运用方式来体现的。

核心知识：合理的材料搭配产生美感。

一、建筑装饰装修材料的作用

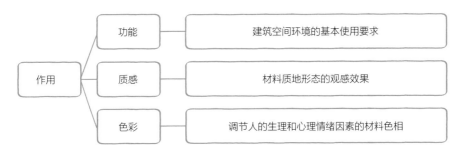

二、建筑装饰装修材料的种类

装饰设计中最常用的材料种类

类别	材料种类
装饰板材	胶合板（夹板）、细木工板（大芯板）、防火板、铝塑板、密度板、饰面板、铝扣板、刨花板、三聚氰胺板、石膏板、实木条、矿棉板等
装饰陶瓷	釉面砖、通体砖、抛光砖、玻化砖、陶瓷锦砖（马赛克）等
装饰玻璃	钢化玻璃、玻璃砖、中空玻璃、夹层玻璃、浮法玻璃、热反射玻璃、夹丝玻璃、平板玻璃、压花玻璃、裂纹玻璃、热熔玻璃、彩色玻璃、镭射玻璃、玻璃马赛克等
装饰涂料	乳胶漆、仿瓷涂料、多彩涂料、幻彩涂料、防水涂料、防火涂料、地面涂料、清漆、聚酯漆、防锈漆、磁漆、调和漆、硝基漆等
装饰织物与制品	地毯、墙布、窗帘、床上用品、挂毯等

续表

类别	材料种类
装饰塑料	塑料墙纸、塑料管材、塑料地板等
装饰灯具	吊灯、吸顶灯、落地灯、台灯、壁灯、筒灯、射灯、园林灯等
装饰石材	大理石、花岗石、人造石、文化石等
装饰木地板	实木地板、复合木地板、实木复合地板、竹木地板
装饰门窗	防盗门、实木门、实木复合门、模压门、塑钢门窗、铝塑复合门窗、铝合金门窗、新型木门窗等
装饰水电材料	电线、线管样、开关面板、PPR 管、铜管、铝塑复合管、镀锌铁管、PVC 管等
装饰厨卫用品	橱柜、水槽、坐便器、蹲便器、浴缸、水龙头、热水器、淋浴房、面盆、浴霸、地漏、卫浴配件等
装饰骨架材料	木龙骨、轻钢龙骨、铝合金龙骨等
装饰线条	木线条、石膏线条、金属线条等
装饰辅料	水泥、沙、钉、勾缝剂、各类胶黏剂、五金配件（铰链、滑轨、合页、锁具、拉篮、拉手、地弹簧）等

★根据装修设计方案及装修预算选择合适的装修材料。

8.1.3 墙体改造

墙体改造

墙体拆除

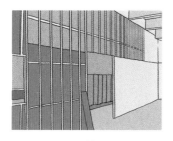

隔断施工

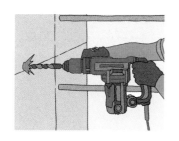

电镐钻孔

房屋原设计方案不符合使用要求时,可进行墙体改造。墙体改造的内容包括:墙体拆除、新砌墙体等。

核心知识:墙体改造不能破坏承重墙。

一、注意环节

(1)只有非承重墙才能拆除,承重墙是不能破坏的;不能拆门窗两侧的墙体;阳台下面墙体不要拆除,它对挑阳台往往起到抵抗倾覆的作用。

(2)墙体拆除施工造成的噪声是非常大的,因而最好选择在非节假日和非休息时间进行,以免对邻居造成干扰而产生纠纷。

(3)在一些私密空间,新砌的隔断墙如果采用的是龙骨加石膏板的做法,那么就必须要在中间夹上吸音棉,以提高隔断墙的隔音能力。

二、墙体拆除方法

(1)在图纸上明确拆除墙体的位置和尺寸。

(2)明确尺寸后进行上、中、下三点定位。

(3)上、中、下三点进行三点一线的弹线。

(4)用切割机对墙体进行切割。

(5)用电镐进行点状钻孔、切割、打孔。

(6)抡锤砸墙。

★墙体改造生成的垃圾要及时运走。

装修中的水电施工属于隐蔽工程，施工质量一旦出现问题往往处理难度较大，维修工作量大，经济损失大。

核心知识： 水电用料要好，避免维修。

水路施工包括给水管道铺设和排水管道铺设，电路施工包括强电铺设和弱电铺设。

水电施工前要先确定用水用电设备的尺寸、位置和标高，以及走线的方法。

一、水电走线方式

（1）走天花。水电走天花吊顶维修较易，但是防水较差、施工难度大、材料用量较多。

（2）走地面。施工难度小，工期短，费用较低，但是维修难度很大。

（3）横平竖直。水电安装采用横平竖直，每个转角都是直角，有利于后期的安装和管线保护工作，但用料较多。

（4）点对点。节省人工和材料，方便电线抽拉和日后维护，但视觉效果差。

在管线交叉处，其中一管宜凿除基层避免同标高相交。

水电走天花　　　　　　　水电走地面　　　　　　　点对点走线

二、水路施工

（1）水路材料：常见的水路材料包括PPR管、铝塑管、PVC管和镀锌铁管。

（2）施工工序：

水路管路开槽　→　水路管道安装　→　水路管路检查　→　二次防水

（3）注意事项：

① 冷、热出水口必须在同一标高，一般遵循上热下冷、左热右冷的习惯。

② 要设置总阀门和用水器阀门，方便维修。

③ 开槽遇到钢筋要避开，禁止断筋。

④ 室内隐蔽管道在封闭前，必须进行加压测试。压力不大于0.6MPa的前提下，无减压现象为合格。

三、电路施工

（1）电线分路：家庭住宅用电最少应分五路，即空调专用线路、厨房用电线路、卫生间用电线路、普通照明用电线路、普通插座用电线路等。

（2）电路材料：

① 电线。照明、开关、插座要用2.5mm^{2}的电线，空调要用4.0mm^{2}的电线，热水器要用6.0mm^{2}的电线，用不同颜色区分火线、零线、地线。

② 电线套管。电线多采用暗装的方式施工，电线需要穿进电线套管中，之后才能埋进开好槽的墙内。电线套管是一种PVC管材。

（3）施工工序：

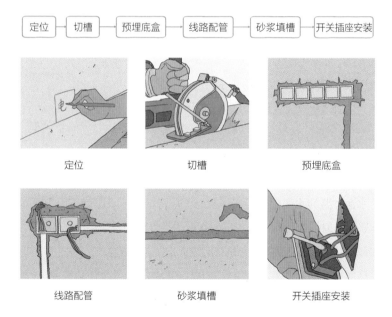

定位 → 切槽 → 预埋底盒 → 线路配管 → 砂浆填槽 → 开关插座安装

定位　　　　　切槽　　　　　预埋底盒

线路配管　　　砂浆填槽　　　开关插座安装

（4）注意事项：

① 强弱电的间距不小于50cm，更不能穿在同一根管内。

② 开关、插座面对面板时，应该左侧零线右侧火线。

③ 接头处采用按压接线法，接好的线要立即用绝缘胶布包好。

8.2 装修施工

8.2.1 抹灰工程

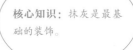

抹灰工程是用灰浆涂抹在建筑物表面，起到找平、装饰、保护墙面的作用。

核心知识：抹灰是最基础的装饰。

一、抹灰的组成

抹灰层一般由底层、中层和面层组成。底层的作用是粘牢基体并初步找平；中层的作用是找平；面层使表面光滑细致，起装饰作用。

分层抹灰的目的是黏结牢固、控制平整度和保证质量。如一次涂抹太厚，由于内外收水快慢不同会产生裂缝、鼓起或脱落，造成材料浪费。

二、抹灰的分类

抹灰工程按装饰效果或使用要求分为一般抹灰、装饰抹灰。一般抹灰按质量标准不同，又分为普通抹灰和高级抹灰两个等级。

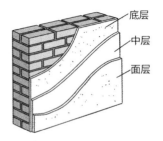

抹灰层的组成

三、一般规定

（1）抹灰前基层表面的尘土、污垢、油渍等应清除干净，并应洒水润湿。

（2）抹灰层底层强度不得低于面层强度。

（3）水泥砂浆和水泥混合砂浆抹灰时，应待前一抹灰层凝结后方可抹后一层；用石灰砂浆抹灰时，应待前一抹灰层七八成干后方可抹后一层。

（4）抹灰总厚度大于或等于35mm时应采取加强措施。

（5）墙面太光的要凿毛，或用掺加10%108胶的1∶1水泥砂浆薄抹一层。不同材料相接处，应先铺钉一层金属网或纤维丝绸布或用宽纸质胶带黏结。

一般抹灰的分类

项目	做法	主要工序及质量要求
普通抹灰	一底层、一中层、一面层	分层赶平、修整、表面压光
高级抹灰	一底层、数中层、一面层	阴阳角找方，设置标筋，分层赶平、修整和表面压光

四、一般抹灰施工顺序

一般抹灰的施工顺序是先室外后室内、先上面后下面、先顶棚后墙地面。

五、施工工艺

基体表面处理→浇水润墙→设置灰饼和标筋→阳角做护角→抹底层、中层灰→抹面层灰→清理→成品保护。

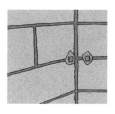

| 基体表面处理 | 浇水润墙 | 设置灰饼 |

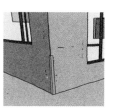

| 设置标筋 | 阳角护角 | 抹底层灰 | 成品保护 |

六、质量检验

一般抹灰的允许偏差和检验方法

项次	项目	允许偏差 /mm		检验方法
		普通抹灰	高级抹灰	
1	立面垂直度	4	3	用 2m 垂直检测尺检查
2	表面平整度	4	3	用 2m 靠尺和塞尺检查
3	阴阳角方正	4	3	用直角检测尺检查
4	分格条（缝）直线度	4	3	拉 5m 线，不足 5m 拉通线，用钢直尺检查
5	墙裙、勒脚上口直线度	4	3	拉 5m 线，不足 5m 拉通线，用钢直尺检查

七、装饰抹灰

装饰抹灰与一般抹灰的区别在于两者具有不同的装饰面层，装饰抹灰的装饰艺术效果更加鲜明。底层的做法均为1:3水泥砂浆打底，面层可以选用水磨石、水刷水、斩假石等。

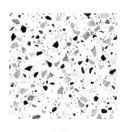

水磨石

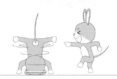

8.2.2 饰面砖镶贴

饰面砖有釉面砖、面砖、陶瓷锦砖等。

> **核心知识**：饰面砖用水泥砂浆连接，饰面砖的重量不宜过大。

一、材料

（1）釉面砖。又称瓷砖、瓷片、釉面陶土砖，是上釉的薄片状精陶建筑材料，主要用于厨房、厕所、浴室等处内墙装修。

（2）面砖。分毛面、釉面两种，有多种颜色，规格亦有多种。面砖主要用于外墙饰面。

（3）陶瓷锦砖。又称马赛克，由于成品按不同图案贴在纸上，故也称纸皮石。

饰面砖的表面应光洁、色泽一致，不得有暗痕和裂纹。釉面砖的吸水率不得大于10%。

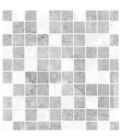

| 釉面砖 | 面砖 | 陶瓷锦砖 |

二、施工工艺

基层处理→抹底灰→弹线→浸砖→粘贴→勾缝。

三、施工顺序

先墙面，后地面。墙面由下往上分层粘贴，先粘墙面砖，后粘阴角及阳角，其次粘压顶，最后粘底座阴角。

贴面前，应充分考虑饰面砖在阴角处的压向，要求从进门的角度看不到砖缝，一般先贴进门对面的然后再贴背面，先贴整块，再贴下水管道处的阳角。

四、施工要点

（1）水泥砂浆（水泥：砂＝1：3，厚约为15mm）打底，抹后找平划毛。

（2）镶贴前墙面找方，弹出底层水平线，定出纵横皮数。

（3）黏结层采用厚5～7mm水泥砂浆，将砂浆涂于饰面砖背面粘贴于底层上，用小铲轻轻敲击，使之贴实粘牢。

（4）横竖缝宽必须控制在1～1.5mm范围内，贴后用同色水泥擦缝。

（5）最后用稀盐酸刷洗，并用清水冲洗。

弹线

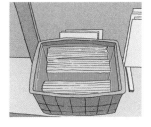

浸砖

小锤轻击

开洞

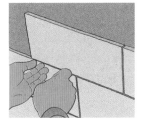

贴砖留缝

勾缝

五、质量检验

饰面砖粘贴的允许偏差和检验方法

项次	项目	允许偏差 /mm		检验方法
		外墙面砖	内墙面砖	
1	立面垂直度	3	2	用2m垂直检测尺检查
2	表面平整度	4	3	用2m靠尺和塞尺检查
3	阴阳角方正	3	3	用直角检测尺检查
4	接缝直线度	3	2	拉5m线，不足5m拉通线，用钢直尺检查
5	接缝高低差	1	0.5	用钢直尺和塞尺检查
6	接缝宽度	1	1	用钢直尺检查

★饰面砖有一定吸水率，为避免施工时饰面砖吸砂浆的水导致黏结不牢，施工前需提前浸砖至饱和含水率。

8.2.3　饰面板安装

一、材料

饰面板种类繁多，按板面材料分类，常用的饰面板有天然石饰面板、人造石饰面板、金属饰面板、塑料饰面板、有色有机玻璃饰面板、饰面混凝土墙板等。

饰面板一般尺寸较大，重量较大，需要与基层作可靠的连接。

> **核心知识**：干挂法是以钢结构来受力，力学性能好。

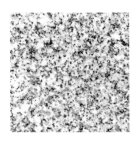
天然花岗石饰面板

预制水磨石饰面板

彩色金属板

二、施工方法

大规格的饰面板（边长>400mm）或安装高度超过1m时，则多采用安装法施工。安装工艺常用干挂法，直接在板上打孔，然后用不锈钢连接器与埋在混凝土墙体内的膨胀螺栓相连，板与墙体间形成80~90mm空气层。一般多用于30m以下的钢筋混凝土结构，不适用砖墙或加气混凝土基层。

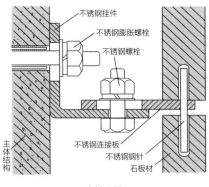
直接干挂

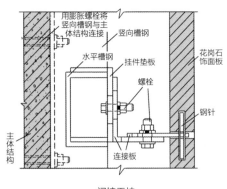
间接干挂

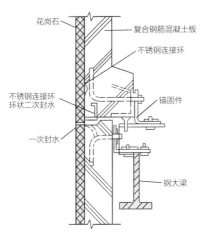

G.P.C工艺示意图

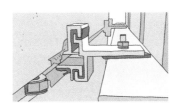

干挂节点

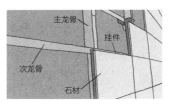

干挂效果

G.P.C工艺是干法工艺的发展，其以钢筋混凝土作衬板，用不锈钢连接环与饰面板连接后浇筑成整体的复合板，再通过连接器悬挂到钢筋混凝土结构或钢结构上，衬板与结构连接的部位其厚度应加大。这种柔性节点可用于超高层建筑，以满足抗震要求。

三、施工工艺

安装骨架→人工开槽→板材安装→板材调整→初步完成干挂→板材上胶固定→接缝防水处理。

安装骨架　人工开槽　板材安装　板材调整

四、注意事项

（1）采用同一批材料，避免饰面板面层颜色不均；

初步完成干挂　板材上胶固定　接缝防水处理

（2）精心施工，调整好钢安装架的垂直度和水平度；

（3）及时清理勾缝胶，减少墙面污染；

（4）高处作业应符合国家安全规范。

★干挂法也常用于幕墙施工中。

8.2.4　吊顶工程

吊顶又称悬吊式顶棚，是由吊杆、龙骨和饰面板及其相配套的连接件和配件组成的空间顶棚体系。

核心知识： 吊杆受力最大，要确保安全。

一、分类

悬吊式又可分为活动式装配吊顶（明龙骨）、隐蔽式装配吊顶（暗龙骨）、格栅式吊顶、开敞式吊顶等。

活动式装配吊顶

隐蔽式装配吊顶

格栅式吊顶

二、材料组成

（1）吊杆。吊杆的作用是连接吊顶系统与结构。常用木吊杆或金属吊杆。

（2）龙骨。主龙骨是起主干作用的龙骨，是吊顶龙骨体系中主要的受力构件。次龙骨的主要作用是固定饰面板，为龙骨体系中的构造龙骨。常用的龙骨主要有木龙骨、轻钢龙骨、T形铝合金龙骨等。

（3）罩面板。罩面板品种繁多，起到装饰作用。按板材所用的材料分有石膏类、

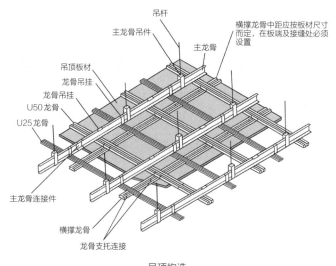

吊顶构造

弹线

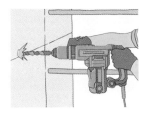

钻孔

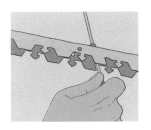

安装吊杆、龙骨

龙骨调平

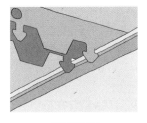

安装罩面板

无机矿物材料类、塑料类、金属类。

三、施工工艺

弹顶棚标高线→划龙骨分档线→安装吊杆→安装主龙骨→安装次龙骨及配件→安装罩面板材。

四、安装方法

（1）弹顶棚标高水平线。根据安装标高在墙面和柱面上复核量出顶棚设计标高，沿墙四周弹出顶棚标高水平线。

（2）划分龙骨分档线。按设计要求的龙骨间距，在已弹好的顶棚标高水平线上划分龙骨分档线。

（3）安装龙骨吊杆。在吊点位置预埋胀管螺栓或吊钩、埋件，确定吊杆下端的标高，按龙骨位置及吊挂间距，将吊杆焊有角铁的一端与接板膨胀螺栓连接固定。

（4）安装主龙骨。可先安装主龙骨后安装次龙骨，也可主次龙骨一次安装；主龙骨与吊杆固定时，应用双螺帽在螺杆穿过部位上下固定，然后按标高线调整主龙骨的标高；主龙骨的接头位置不允许留在同一直线上，较大的房间应起拱，一般为1/200。

（5）安装次龙骨。按弹好的次龙骨分档线卡放次龙骨吊挂件，将次龙骨通过吊挂件吊挂在主龙骨上，一般间距为600mm。

（6）安装罩面板。罩面板须待顶棚内的管线验收合格后方可安装。安装前应按罩面板的规格分块弹线，从顶棚中间顺通长次龙骨方向先装一行罩面板作为基准，然后向两侧延伸分行安装。

★为增加美观性，各水电管线宜埋在吊顶内。

8.2.5　木地板工程

木地板分为实木地板和复合木地板两种。实木地板的施工形式有实铺格栅式、实铺粘贴式、空铺式。

> **核心知识**：木地板要选择环保产品。

一、实铺格栅式施工工艺

测量弹线→钻孔→钉木楔→铺设木格栅→清理基层→安装防潮膜→安装地板→安装踢脚线→清理表面→成品保护。

钉木楔

铺设木格栅

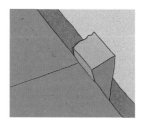
四周留缝

钉木地板

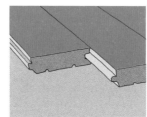
木地板榫接

成品保护

二、施工要点

（1）地板铺设前宜拆包堆放在铺设现场1～2天，使其含水率适应环境，以免铺设后出现胀缩变形。

（2）铺设应做好防潮措施，尤其是底层等较潮湿的部位。

（3）地板不宜铺得太紧，四周应留1cm伸缩缝。

（4）地板与地板的接口不能用胶水，必须要用地板钉从启口45°钉在格栅上；对于有榫口的木地板，也可以榫接。

8.2.6 门窗工程

门窗一般由窗（门）框、窗（门）扇、玻璃、五金配件等部件组合而成。其按材料可分为木门窗、钢门窗、铝合金门窗、钢塑门窗等。

门窗施工时，一般需要预留洞口，洞口上方设过梁，以将洞口上部传来的荷载向洞口两侧墙体传递。

> **核心知识：** 门窗必须连接牢固，避免坠落。

一、施工工艺

预留洞口→安装门窗框→校正→固定门窗框→土建抹灰收口→安装门窗扇→填充发泡剂→门窗周圈打胶→安装门窗五金件→清理、清洗门窗→检查验收。

预留洞口

门框安装

门窗打密封胶

二、施工要点

（1）门窗与墙体的衔接，一是可用膨胀螺栓固定，二是可在墙内预埋木砖或木楔，用木螺丝将门窗框固定在木砖或木楔上。

（2）门窗框底边及两侧边上翻200mm高范围采用防水砂浆塞缝，剩余部分采用打发泡剂膨胀塞缝。塞缝必须保证密实。

（3）五金连接件施工时，门窗需临时托举，避免重力作用影响安装精度。

（4）外饰面完成并干燥后在外饰面与门窗框交接处的预留胶槽内打中性硅酮（聚硅氧烷）密封胶。

> ★门窗工业化水平高，一般现场量尺寸，厂家加工后再现场安装。

8.2.7　裱糊工程

裱糊是指将壁纸、墙布用胶黏剂裱糊在基体表面上。裱糊工程中常用的材料有普通壁纸、塑料壁纸、玻璃纤维墙布、无纺墙布及胶黏剂。

> **核心知识：** 胶黏剂应饱满且平整满铺。

一、质量要求

壁纸应整洁、图案清晰。印花壁纸的套色偏差不大于1mm，且无漏印。压花壁纸的压花深浅一致，不允许出现光面。此外，其褪色性、耐磨性、湿强度、施工性均应符合现行材料标准的有关规定。胶黏剂应根据壁纸的品种选用。

二、施工工艺

基层清理→弹线→裁纸→湿润→刷胶→裱糊→清理修整。

裱糊配套工具　　　　　　　　裱糊施工　　　　　　　　裱糊效果

三、施工要点

（1）施工顺序原则上应为先垂直面后水平面，先细部后大面。贴垂直面时先上后下，贴水平面时，先高后低。

（2）裱糊壁纸时，纸幅必须垂直，才能保证壁纸之间花纹、图案纵横连贯一致。拼贴时先对图案，后拼缝。阳角处不可拼缝或搭接，应包角压实；阴角壁纸应采用搭接缝，搭接宽度一般不小于3mm。

（3）表面的胶水、斑污应及时擦干净，各处翘角、翘边应进行补胶，并用木棍或橡胶辊压实。

（4）表面应平整，色泽一致，不得有波纹起伏、气泡、裂缝、皱折及斑污，斜视时应无胶痕。

参考文献

[1] 韩俊强, 袁自峰. 土木工程施工技术 [M]. 2 版. 武汉: 武汉大学出版社, 2019.

[2] 张亚梅. 土木工程材料 [M]. 南京: 东南大学出版社, 2021.

[3] 张岩, 陆烜, 张玉波. 装配式混凝土建筑——甲方管理问题分析与对策 [M]. 北京: 机械工业出版社, 2020.

[4] 王鑫, 刘晓晨, 李洪涛, 等. 装配式混凝土建筑施工 [M]. 重庆: 重庆大学出版社, 2018.

[5] 邓寿昌, 李晓目. 土木工程施工 [M]. 北京: 北京大学出版社, 2006.

[6] 华建民, 张爱莉, 康明. 建筑工程施工 [M]. 重庆: 重庆大学出版社, 2015.

[7] 陈飞敏. 砌体结构工程施工 [M]. 南京: 南京大学出版社, 2017.

[8] 黄隆洋. 建筑工程施工实战技术 [M]. 重庆: 重庆大学出版社, 2015.

[9] 石海均, 马哲. 土木工程施工 [M]. 北京: 北京大学出版社, 2009.

[10] 贾兴文, 李莉, 刘先锋, 等. 土木工程材料 [M]. 重庆: 重庆大学出版社, 2017.